景观设计与园林规划研究

张国瑞 ◎ 著

U0350798

中国书籍出版社
China Book Press

图书在版编目（CIP）数据

景观设计与园林规划研究 / 张国瑞著 . —— 北京：

中国书籍出版社 , 2024. 7.

ISBN 978-7-5068-9941-3

Ⅰ . TU98

中国国家版本馆 CIP 数据核字第 2024N1R634 号

景观设计与园林规划研究

张国瑞　著

图书策划	成晓春
责任编辑	杨铠瑞
封面设计	博健文化
责任印制	孙马飞　马　芝
出版发行	中国书籍出版社
地　　址	北京市丰台区三路居路 97 号（邮编：100073）
电　　话	（010）52257143（总编室）（010）52257140（发行部）
电子邮箱	eo@chinabp. com. cn
经　　销	全国新华书店
印　　刷	天津和萱印刷有限公司
开　　本	710 毫米 ×1000 毫米　1/ 16
字　　数	210 千字
印　　张	12.25
版　　次	2025 年 1 月第 1 版
印　　次	2025 年 1 月第 1 次印刷
书　　号	ISBN 978-7-5068-9941-3
定　　价	78.00 元

前　言

　　随着社会的进步和城市化进程的加快，21世纪的人口、资源和环境问题已逐步上升为需要全人类面对并迅速解决的紧迫议题。在这一背景下，我国提出了构建和谐社会这一宏伟目标，并把环境保护放在突出地位。风景园林是一个对于生态和人文环境建设至关重要的领域，它肩负着建设和发展自然环境与人造环境、提升人们生活水平、传播和推广中华民族传统文化的责任，并肩负着维护人类生态平衡的重大使命。因此，科学合理地进行景观设计和园林规划，不仅是提高园林绿地生态效益、优化人居环境质量和创造高品质空间景观的关键途径和基础保障，也是实现人与自然和谐共生、解决和缓解生态环境问题、推动城市可持续发展的正确选择和必经之路。

　　景观设计与园林规划，其创造元素往往会结合当地的民俗文化、人文建筑、特色景观等。这些元素通过提炼升华，以铺装、雕塑、假山、水景、园林建筑、小品等景观布局手法和形式呈现在广大民众视线，容易引起居民心理上的共鸣，增强居民的城市自豪感和幸福感，同时从侧面也向外展示了城市特色文化，以城市名片形式对外传播，为树立城市形象打下基础。

　　在我国，园林景观规划设计尚处于初级发展阶段。传统园林学一统天下的格局已被改变，风景园林、环境艺术、旅游娱乐三者"瓜分"了传统园林学，现阶段还难以做到统一。以视觉形象为核心发展景观艺术，是环境艺术专业的强项；以环境绿化、水土整治为核心提升园林绿化艺术与技术，风景园林专业最为擅长；旅游娱乐这一专业在中国名义上没有，但实际上正在从旅游管理、风景园林学科中产生。

　　针对我国刚刚起步、众说纷纭、观点各异的园林景观设计理论研究的实际情况来看，要在实践中做到不断创新，就必须借助适合我国国情的园林景观设计理论。首先，依据以人为本的园林景观设计要素，制定以环境为主导的景观资源筹划和评价体系；其次，从园林景观设计的实际操作着手，研究各类景观的所需空间，分布规律，以及相应的规划设计元素的构成。

当前，在我国园林景观设计中，个性鲜明、耐人回味的创新性作品很少，很多设计师都在照搬模仿，忘记了中国元素的魅力所在。大多数设计师往往侧重于构成园林景观的硬质景观，而忽视了绿地林荫一类的软质景观。各类缸砖、花岗岩、石料、不锈钢等金属材料在园林景观和构成元素中所占比例过大，相比之下，绿地草皮、林木花卉、河池水体则往往处于从属地位；场地意识淡薄也是园林景观设计中普遍存在的问题。

由于全球经济、政治、文化一体化，且多元化并行，新兴科技迅速发展，人们的世界观、发展观发生了改变，所以人们开始自觉地思考如何建设美好宜人的居住环境，如何能使生活、工作的城市实现可持续发展。一座优美的城市是由各种元素组合而成的。随着城市建设规模的不断扩大，城市建设推动了园林景观设计的发展，并越来越重视景观的设计。园林景观的设计、城市的建设离不开人的视觉、心理和行为，它们之间是相互作用和相互影响的。随着社会经济的不断发展和城市化进程的加快，人们对居住环境提出了更高要求，同时也为城市园林景观设计提供了广阔的发展前景。园林景观设计及其相关知识在城市生态环境建设、园林绿化建设中的重要性已日益凸显出来。优秀的园林景观设计往往可以有效改善及美化人居环境，显著提升人们生活空间质量，最终创造出人与自然、人与人和谐共生的城市环境。

园林是我国传统文化的一种艺术形式，主要通过地形、山水、建筑群、植物等作为载体来衬托出人类对精神文化的追求。园林景观在城市规划中起着为城市的生态环境调节气候和美化空间载体的作用，其一方面可以防风沙、净化空气、保护水土不流失、降低噪声、美化环境、维护生态环境平衡，进而促进人们身心健康；另一方面能够有效促进人居环境的完善，反映城市文明，可以创造出怡人的、舒适的、安逸的城市环境。因此，园林景观在城市规划中占有不可忽视的重要地位，是城市规划的重要组成部分。

在撰写本书的过程中，作者参考了大量的文献，得到了许多学者的帮助，在此表示真诚感谢。本书内容系统全面，论述条理清晰、深入浅出，但由于作者水平有限，书中难免有疏漏之处，希望广大同行及时指正。

作者
2023 年 8 月

目 录

第一章　园林景观设计理论阐释 …………………………………………… 1

　　第一节　园林景观设计概述 ………………………………………… 1

　　第二节　园林景观设计的特征 ……………………………………… 5

　　第三节　园林景观设计的原则 ……………………………………… 8

　　第四节　园林景观设计的艺术美学与文化价值 ………………… 12

第二章　园林景观设计的构成要素 ……………………………………… 24

　　第一节　地面铺装设计 ……………………………………………… 24

　　第二节　山石设计 …………………………………………………… 28

　　第三节　植物设计 …………………………………………………… 32

　　第四节　水景设计 …………………………………………………… 42

　　第五节　景观小品设计 ……………………………………………… 45

第三章　园林景观设计原理与基础 ……………………………………… 60

　　第一节　空间造型基础 ……………………………………………… 60

　　第二节　空间的限定手法 …………………………………………… 64

　　第三节　设计步骤 …………………………………………………… 67

第四章　园林景观设计的构图法则和设计方式 ·············· 78

　第一节　园林景观设计的构图法则 ······················· 78

　第二节　园林景观设计的方式 ·························· 91

第五章　园林景观设计的不同类型 ······················· 144

　第一节　街道景观设计 ····························· 144

　第二节　城市广场景观设计 ························· 148

　第三节　城市公园景观设计 ························· 154

　第四节　居住区景观设计 ·························· 160

第六章　园林景观设计的未来展望 ······················· 166

　第一节　园林景观设计的驱动力 ······················· 166

　第二节　园林景观设计存在的问题 ····················· 173

　第三节　园林景观设计的发展趋势 ····················· 176

参考文献 ·· 186

第一章 园林景观设计理论阐释

本章为园林景观设计理论阐释，分别介绍了园林景观设计概述、园林景观设计的特征、园林景观设计的原则、园林景观设计的艺术美学与文化价值四方面的内容。

第一节 园林景观设计概述

"景观"这个词最初是指"风景"或"景色"，这一最早的含意实际上是将景观与城市景象相联系，反映了人类对安全和提供庇护的城市的一种憧憬。景观的含意也在不断丰富和变化，景观的概念不仅限于视觉美学（图1-1-1），还涵盖了更广泛的自然景象和人类活动在大地上的烙印。人类在长期生产和生活实践中逐渐认识到自然景物是人们赖以生存与发展的物质基础。在17世纪，伴随着欧洲自然风景画的兴盛，"景观"这一词汇逐渐成为一个专业的绘画术语，主要指的是描绘陆地上风景的图画。

在当代，"景观"这一概念变得更为广泛：地理学者将其视为一个科学术语，并将其定义为地表的一种景观；人类学家把它定义成社会生活中各种现象和过程的总和；生态学家将其定义为一个生态系统；心理学家则把它看作人对环境产生的反应和体验；旅游专家将其视为宝贵的资源；社会科学家把它看作社会文化现象；艺术创作者将其视为一个展示和再现的实体；建筑师将其视为建筑的背景或景观；设计师则把它当作创造空间的手段和工具；居民和开发者通常将其视为城市的景观、园林的绿意、小型景观及喷泉所带来的视觉效果（图1-1-2）。景观是人们在日常生活中所见景物及其相互关系的总和，它既包括自然环境的物质形态，又包含着人的主观意识和审美情趣。因此，景观可以是人类户外生活环境中所有视觉元素的统称，这些元素既可能是自然界的，也有可能是人类创造的。

英国规划师戈登·卡伦在《城市景观》一书中认为，景观是一门相互关系的艺术；换句话说，在视觉对象间形成的空间联系实际上是景观艺术的一种表现。例如，一个建筑代表建筑，而两个建筑则代表风景，它们之间的互动有着和谐与有序的美感。

景观作为人类对视觉审美对象的定义，一直延续到现在。从最早的城市景色、风景到理想居住环境的蓝图，再到注重居住者的生活体验，发展至今，景观被视为一个生态系统，被学者用来研究、探讨人与自然的相互关系。人与自然环境和谐共存的生态观就是景观生态学理论，它认为景观是由自然要素与人文因素相互作用而构成的一种复杂系统，具有整体性、动态性和复杂性等特征。因此，景观不仅是大自然的一部分，同时也融合了文化和生态的元素。

图 1-1-1　城市滨水绿地景观

图 1-1-2　街头景观小品

从设计视角出发，人造景观更多地融入了人为的元素，这与自然景观有所不同。景观设计是一种人对特定环境进行有意识的改造的行为，目的是创造出具有一定的社会文化内涵和审美价值的景观。

在园林景观设计的整个过程中，形式美感和设计语言始终是核心要素。随着人类对美的认识不断加深，以及科技的日新月异，现代园林景观设计在形式上也发生了很大变化。园林景观设计涵盖了自然生态环境、人造建筑环境及人文和社会环境等多个方面，满足了人们对景观物质材料和精神文化产品的需求。园林景观设计基于自然、生态、社会和行为等多个科学原则进行，并遵循特定的公众参与流程。这样的设计将艺术作品与特定的公众环境进行了结合，能有效提高公众的审美水平。

园林景观设计不仅是一个能够全面展示人们生活环境质量的设计，同时也是一种能够提升人们在户外空间使用感和体验感的艺术形式。

园林景观设计范围广泛，以美化外部空间环境为目的的作品都属于园林景观设计，包括新城镇的景观总体规划、滨水景观带、公园、广场（图 1-1-3）、居住区、街道（图 1-1-4）及街头绿地等，几乎涵盖了所有的室外环境空间。

图 1-1-3　广场景观

图 1-1-4　街道景观

园林景观设计是一门综合性很强的学科，其内容不但涉及艺术、建筑、园林和城市规划，而且与地理学、生态学、美学、环境心理学等学科相关，它吸收了这些学科的研究方法和成果，其设计概念以城市规划专业总揽全局的思维方法为主导，设计系统以艺术与景观专业的构成要素为主体，环境系统以园林专业所涵盖的内容为基础。

园林景观设计是一门集艺术、科学、工程技术于一体的应用学科，它需要设计者具备与之相关的其他学科的知识。

园林景观设计的形成和发展，是时代赋予的使命。城市的形成是人类改变自然景观、重新利用土地的结果（图1-1-5）。但在此过程中，人类不尊重自然，肆意破坏地表、气流、水文、森林和植被。特别是工业革命以后，建成大量的道路、住宅、工厂和商业中心，使得许多城市变为柏油、砖瓦、玻璃和钢筋水泥组成的大漠，离自然景观已相去甚远。因远离大自然而产生的心理压迫和精神桎梏、人满为患、城市热岛效应、空气污染、光污染、噪音污染、水环境污染等，这些都使人类的生存品质不断降低。

图1-1-5　城市中的公园景观

21世纪，人类在深刻反省中重新审视自身与自然的关系，开始重视人居环境的可持续发展。人类深切认识到园林景观设计的目的不仅仅是美化环境，更重要的是从根本上改善人的居住环境、维护生态平衡和保证生态可持续发展。

现代园林景观设计不再是早期达官显贵的造园置石，它要担负起维护和重构人类生存环境的使命，为所有居住于城、镇、村的居民设计合宜的生存空间，构筑理想的居所。

景观设计之父奥姆斯特德在哈佛大学的讲坛上说，景观技术是一种"美术"，其重要的功能是为人类的生活环境创造"美观"，同时，还必须给城市居民以舒适、便利和健康。在终日忙碌的城市居民的生活中，缺乏自然提供的美丽景观和心情舒畅的声音，弥补这一缺陷是"景观技术"的使命[①]。

在我国，园林景观设计是一门年轻的学科，但它有着广阔的发展前景。随着全国各地城镇建设速度的加快、人们环境意识的加强和对生活品质要求的增加，园林景观设计也越来越受到重视，其对社会进步产生的影响也越来越大。

第二节　园林景观设计的特征

一、多样性

园林景观设计之所以具有多样性特征，是因为其构成元素和涉及的问题较多；这种多样性体现在与园林景观设计相关的自然和社会因素的复杂性上，以及设计目标、设计方法和实施技术等方面的多样性上。

与园林景观设计有关的自然因素包括地形、水体、动植物、气候、光照等，分析并了解它们彼此之间的关系，对园林景观设计的实施非常关键。例如，不同的地形会影响景观的整体格局，不同的气候条件则会影响景观内栽种的植物种类。

社会背景也是导致园林景观设计多样性的关键因素，这是因为园林景观设计主要服务于广大的公众群体，随着人类物质生活水平的提高，其审美情趣也随之发生了改变，所以园林景观设计应该具有一定的艺术特色。在现代社会信息多样化交流和社会科学不断进步的今天，人们对于景观的使用目的、空间的开放性和文化含义有了不同的认识，这在很大程度上影响了景观设计的形式。因此，要想实现园林景观设计与时代相适应就必须了解当代人对景观的需求，并根据不同的人群特征来进行景观设计。例如，园林景观设计需要满足各种年龄段、教育背景和职业背景的人对景观环境的不同需求，因此，其设计必然会展现出丰富的多样性。

[①]　李文实. 古典园林与现代城市景观 [M]. 福州：福建教育出版社，2007.

二、生态性

在园林景观设计中，生态性被视为其第二大显著特点。景观与人、与自然之间联系密切，在当前环境问题逐渐凸显的背景下，生态的重要性已经受到了园林景观设计师的密切关注。

美国宾夕法尼亚大学的教授麦克哈格提出，将景观作为一个包括地质、地形、水文、土地利用、植物、野生动物和气候等决定性要素的相互联系的整体来看待[①]。

将生态观念融入园林景观设计中就意味着：首先，在设计过程中，设计师必须尊重各种生物的多样性，减少对资源的过度开采，确保水资源的循环，并保持植物和动物栖息地的高质量；其次，设计师应当优先考虑使用由可再生原料制成的材料，并在场地上循环利用这些材料，以充分挖掘其潜在价值，从而降低在生产、加工和运输过程中的能源消耗，并减少施工过程中产生的废物；最后，设计师应当尊崇各个地区的文化，在设计过程中保留其独特的文化属性。例如，生态原则的一个显著特点是高效地利用水资源，从而降低对水资源的依赖。因此，在进行园林景观设计时，设计师应当思考如何利用雨水来满足大多数景观用水的需求，甚至有可能实现完全的自给自足，从而达到对城市清洁水资源的零消耗目标。

在园林景观设计中，对生态的重视与对功能、形态的追求同等关键。在园林工程建设过程中，必须坚持人与自然和谐相处的原则，尊重自然规律、顺应自然规律、保护生态环境。从一个特定的角度看，园林景观设计可以被视为人类生态系统的一种创新设计，它以自然系统的自我更新和再生能力为基础。

三、时代性

园林景观设计富有鲜明的时代特征，主要体现在以下几方面。

第一，从过去重视视觉美感的中西方古典园林景观到融入现代生态学思想的园林景观，设计师的思维和方法发生了变化，这在很大程度上影响了景观的形象。现代景观设计不再仅仅停留于"叠山置石""筑池理水"，而是上升到提高人们生存环境质量、促进人居环境可持续发展的层面上（图 1-2-1、图 1-2-2）。

---

① 俞孔坚，李迪华 . 景观设计：专业、学科与教育 [M]. 北京：中国建筑工业出版社，2003.

图 1-2-1 "叠山置石"的应用

图 1-2-2 "筑池理水"的应用

第二，古代社会的园林景观设计往往局限于花园设计的领域。随着人类社会发展，人们对自然的认识越来越深入。如今，园林景观设计已经渗透到更广阔的环境设计范畴中，它的范围包括城镇、滨水公园、广场、校园甚至花坛的设计等，几乎涵盖了所有的室外环境空间。

第三，园林景观设计的服务对象也有了很大不同。古代园林景观是少数统治阶层和商人贵族等享用的产品，而今天的园林景观设计则是面向大众、面向普通百姓的，充分体现了人性化关怀。

第四，伴随着现代科技的不断进步和发展，更多的高端施工技术被引入到景观设计中。人们已经打破了使用沙、石、水、木等传统和天然施工材料的局限性，开始大规模地采用，如塑料制品、光导纤维、合成金属等创新材料来打造园林景观。这些新材料的出现不仅大大改善了园林景观设计效果，而且也为设计师提供更广阔的选择空间。例如，如今塑料制品在公共雕塑等领域得到了广泛应用，而多种聚合物则使得轻质、大跨度的室外遮蔽设计变得更为容易实施。施工材料和施工工艺的进步，极大地增强了景观的艺术表现力，使现代景观更富生机与活力。

园林景观设计是一个时代的写照，是时代社会、经济、文化的综合反映，这使得园林景观设计带有明显的时代烙印。

第三节 园林景观设计的原则

如今，随着人们生活水平的不断提高，人们越来越追求生活环境的质量，舒适、安全、健康、文明的生活是全社会共同的向往，而园林景观设计的目的就是规划设计出一个舒适、宜人的环境。在进行园林景观设计时，设计师应遵循以下几点原则。

一、功能性原则

（一）使用功能

使用功能是园林景观的首要功能。园林景观设计需为人们提供足够的各类户外活动场地，以供人们自由活动、沟通与交往；还需为人们提供各类安全、便利的服务。如果设计师在园林景观设计中缺乏对使用者基本要求的了解，缺乏对园林景观使用功能的考虑，就会出现种种不协调的现象，如在城市休闲广场上设置了景观雕塑、喷泉等，但缺少树木绿荫，缺少公共座椅，那么在炎炎烈日下，路人只能行色匆匆，不会驻足观赏。

（二）美化功能

园林景观设计除了要满足使用功能的要求外，还要满足人们的审美情趣，给人以美的享受。设计师进行园林景观设计时，不仅要在整体布局上体现出美感，而且更要注重细节的美化，让人们时时处处都能欣赏到美丽的景观。例如，利用园林地形的起伏变化可以丰富园林空间，增加层次；进行园林植物配置时，可以通过其婀娜多姿的造型，随季节变化的丰富色彩，来显示自然的无限生机（图1-3-1）。

图 1-3-1 园林植物造型

（三）生态功能

环境是人类赖以生存和发展的基础，园林景观的生态功能主要体现在对环境的保护和改善上。20世纪60年代，为保护人类赖以生存的环境，西方国家提出了景观生态学的观点，这一观点认为，城市建设的景观是由所处地段上的自然生态群落和人工环境构成的。人们观察到的所处地段的地理特征、自然产物和生态环境，都是生态景观系统的重要部分。在城市环境中，所有的风景、建筑和环境设施都必须考虑到可能影响风景变化的各种生态和环境因素，园林景观设计需要将自然生态和人类活动有机地结合在一起，并在此基础上进行规划布局，创造出人与自然和谐共生的人居生态环境。这体现了与自然和谐共生和天人合一的现代生态观念。

设计师在城市景观设计中要积极引入自然景观要素，因为自然景观要素不仅对维持城市生态平衡与持续发展具有重要意义，还能以其自然的柔性特征"软化"城市的硬体空间，为城市景观注入生机与活力。

（四）综合功能

园林景观是一个满足社会功能需求，并符合自然规律，遵循生态原则，同时还属于艺术范畴的综合整体。园林景观中各类设施的功能都已不再是单一的，而是集几项功能于一体的，如水景（图1-3-2），在供人观赏、嬉戏的同时，还具有改善小气候、增加空气湿度等功能；园灯（图1-3-3），除了提供照明之外，还具有装饰作用。因此，设计师在进行园林景观设计时，除要实现各类景观设施的基本功能外，还需将其功能向外延伸，满足人们的心理需要、审美需要，在延续历史的同时，显示时代风貌，最终实现整体优化。

图 1-3-2　浣花溪公园的水景

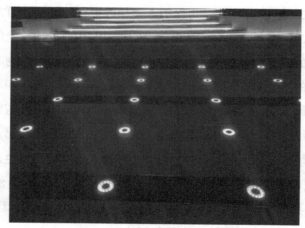

图 1-3-3　具有装饰作用的园灯

二、经济原则

园林景观能否建成，其规模大小与内容以及建成后的维护管理，在很大程度上受制于经济条件。设计师在进行园林景观设计时，应把适用、美观与经济统一起来，贯彻因地制宜、就地取材的原则，尽量降低造价，节约资源，同时也要方便后期的维护管理。例如，户外园林景观随着时间的推移容易风化、损坏，需要经常进行维护。因此，在进行设计时，设计师要充分考虑材料的经济性，并且使用与材料相适应的、方便进行维修和更换的加工工艺。

三、科学性与艺术性原则

明代造园家认为中国园林的境界和评价标准为，虽由人作，宛自天开。中国园林体现了人的自然化和自然的人化，这都与中国"天人合一"的综合性宇宙观一脉相承。其中，"人"和"人的自然化"反映科学性，属于物质文明建设，而"天开"和"自然的人化"反映艺术性，属于精神文明建设。

中国人对景观的欣赏不但从视觉方面考虑，还要从"赏心悦目""意味深长"等意义方面进行考虑。由此可见，无论城市环境还是园林景观都要强调科学与艺术相结合的综合性功能。

沈园位于鲁迅中路，至今已有800多年的历史，是绍兴古城著名的古典园林。沈园除了建筑古朴、赏心悦目之外，还因为一段爱情故事，这段爱情故事就是陆游与爱妻唐婉的故事。沈园的建造充分体现了精神与物质相结合，如今，人们在游览沈园时，除了欣赏古典园林之外，更多的是感受人世间的爱情。

四、生态美学原则

生态美学原则主要包括最大绿色原则和健康原则。生态美学原则的理念催生了一种古老艺术形式的复兴，也就是景观美学和视觉生态的复兴。景观美学体现了人们对土地的深厚情感，重新激活了人与自然之间的自然情感纽带，并在生态文化与景观之间搭建了一座连接的桥梁。从这个意义上说，景观是人类对自己生存方式的思考，也体现出人类对于自身的认识和理解。视觉生态设计体现了人们对土地及其上生物的深厚情感，这种情感通过自然的元素和过程得以展现，它代表了一种独特的视觉生态审美观念。人们可以用这种审美来评价景观是否具有以下几方面的特征。①是否可以使人看到并关心人类在这片土地上留下的印记；②能否使复杂的自然过程变得可见且易于理解；③能否揭示出那些被隐藏的系统与流程；④是否强调了人类与自然界之间的紧密联系。

第四节 园林景观设计的艺术美学与文化价值

一、园林景观设计的艺术美学

（一）园林景观的艺术特性

1. 园林景观艺术是与科学相结合的艺术

园林景观是一种与其功能紧密相连的艺术形式。因此，设计师在进行规划和设计时，首先要全面考虑其多功能性，并对服务对象、环境容量、地形、地貌、土壤、水源及周边环境进行深入的调查和研究，这样才能进行有效的规划和设计。园林建设要科学规划、合理布局、合理规模。无论是园林建筑、道路、桥梁、挖湖堆山、给排水工程还是照明系统，都必须严格按照工程技术的要求进行设计和施工，这样才能确保工程的质量；同时，还应根据园林绿地所处地区的自然条件、气候特点、人文风俗，选择适宜的植物品种和配置模式，创造出富有地方特色的优美景观。由于植物种类的差异，它们的生态行为、生长模式和群落变迁都有所不同，只有根据它们的习性、地理位置和生长需求进行合理利用，并结合科学的管理方法，才能保证其健康生长并拥有茂盛的树冠，这构成了植物景观艺术的核心。总结来说，一个优秀的园林景观，从其规划、设计、施工到后期的养护管理，都离不开科学的支撑，只有依赖科学，园林景观的艺术才能完美。

2. 园林景观艺术是有生命的艺术

植物是构建园林景观的核心元素。园林景观艺术不仅能给人以视觉上美的享受，还能给人们带来精神上的愉悦。设计师通过将植物的外形、色调及芳香等元素作为景观艺术的核心主题，使主题与植物季节性的变化相结合，就能设计出一幅令人眼前一亮的园林画面。植物本身具有生命属性，这使得园林景观艺术也呈现出生命的特质。与绘画和雕塑艺术不同，园林景观艺术并不追求固定的瞬时形象，而是随着时间的推移，不断地改变其形态，并因植物之间的相互生长和变化而持续地塑造园林景观的艺术形象。因此，园林景观艺术被视为一种充满生命的艺术形式。

3. 园林景观艺术是与功能相结合的艺术

在评估园林景观的艺术价值时，人们必须综合考虑其对环境、社会和经济的多重效益，确保艺术与功能的完美融合。

4. 园林景观艺术是融多种艺术于一体的综合艺术

园林景观是一种将文学、绘画、建筑、雕塑、书法、工艺美术等多种艺术形式与自然相结合的独特艺术表现形式，为了更好地展现园林景观的艺术魅力，它们在自己的位置上都起到了关键作用。因此，一门艺术只有具备了一定的综合性特征时才能称之为完整的艺术，只有有机地结合各种不同的艺术手段和表现形式才能构成整体美的艺术形象。各种艺术形态融合后会通过彼此之间的相互影响和作用形成一个既适应新环境又能全面指导整体的艺术准则，进而展现综合艺术的核心属性。

从上面列举的四个特点中可以看出，园林景观艺术不是任何一种艺术可以替代的，任何一位大师都不能完美地单独完成造园任务。今天，生产关系和政治制度的巨大变革及新生产力的出现极大地推动了社会进步和文明发展，使人们的生活方式、心理特征、审美情趣和思想感情深刻变化，它一定会和旧的园林景观艺术形式发生矛盾，它会成为一种适应社会主义新时代的园林艺术形式，在实践中发展并完善起来。总之，园林景观艺术主要研究园林创作的艺术理论，其中包括园林景观艺术作品的内容和形式、园林景观设计的艺术构思和总体布局、园景创造的各种手法、形式美构图的各种原理在园林中的运用等。

（二）园林景观设计的内在美学价值

园林景观设计的审美价值是基于人们的精神追求产生的。人类的精神需求是随着社会历史发展而不断演变的，并在不同时期具有其特定的内涵。通常情况下，人们的核心精神需求涵盖了兴奋、敬畏、歉疚、轻松、自由及美丽，这些需求可以在一定程度上影响园林景观设计中植物配置形式及色彩搭配方式等。从精神层面的需求出发，园林景观的审美标准涵盖了自然性、稀有性、和谐性和多彩性以及空间上开放与闭合结构的融合性，同时设计师也注意到植物因素会随着季节或年度的变迁而发生变化。

人们普遍认为，园林景观的正面特点包括适当的空间规模、有序但非统一的布局、丰富的多样性和变化性、环境的清洁性和稳定性以及其强大的生命力和潜在应用价值。园林景观的负面特点包括空间尺度过大或过小、缺乏清洁、布局混乱、空间布局不和谐、存在噪音或异味、没有实际应用价值。

园林景观具有的美学价值涵盖了较多领域，其内涵既丰富又难以明确界定，它包括自然环境、人文景观和人工环境等多方面内容。随着时代的进步，人们的审美观念也在不断演变，人造景观的出现反映了工业化社会的强大生产能力，同时城市化和工业化也是相互伴随出现的现象。大量高楼大厦拔地而起，给人们带来了巨大便利，同时也为人类带来了舒适的生活环境。然而长时间被高楼大厦环绕、嘈杂的人声和空气污染困扰，人们仍然渴望与自然亲近并回归自然，因此回归自然已经变成了一种流行趋势。

对于园林景观的美学品质，人们可以从人类的行为模式和信息处理的理论等多个角度进行探讨，而不同的民族和文化传统对此产生了深远的影响。为了准确评估园林景观的美学品质，人们需要考虑具有特定美学品质的景观的结构特点，以及景观元素与景观美学之间的相互关系，这些都可以基于以下几个核心原则来进行。

①景观的美学品质反映了景观系统与人类审美观念之间的互动和联系，因此，景观的美学品质不只与景观的客观属性有关，还与人们的主观审美喜好有关。

②景观的审美品质能够从审美者的心态中得到体现，心理学的进步为人们提供了一种量化的态度评估手段，因此，这种审美态度可以被视为"美景度"。

③由于景观设计是以大众为中心的，因此，衡量景观美学质量的标准应当是大众的审美品位。众多研究表明，人类普遍拥有对景观的审美喜好。

④景观系统中的各个元素是相互独立的，它们在不同的层面上都对景观的美学品质产生影响；与此同时，景观系统中的各个元素之间存在相互影响和互动的关系，这些因素共同决定了景观的美学品质。

⑤景观元素之间及景观元素与美学品质之间的相互关系可以通过特定的数学模型来体现，从而构建出一个用于评估景观美学品质的模型。

⑥依据相关的模型，在目前的技术环境中，设计师可以全面或部分地对景观结构进行设计和改进，确保景观达到人们最高的审美标准，也就是说，景观系统在某种程度上是可以被管理和控制的。

（三）园林景观设计的色彩美学

1. 园林景观设计色彩的识别和感觉

光对人的视觉神经产生的视觉效应被称为色彩。光线波长的差异及物体对光线的吸收和反射导致的不同视觉刺激，使园林景观产生了各种不同的色彩效果。因此，设计师在园林植物景观中应用色彩时，应根据植物种类、生长阶段、季节变化等因素来选择合适的颜色。在色彩的鉴别和对比中，人们会将色相、明度和纯度作为评判标准，这三者被统称为色彩的三大要素。设计师在园林景观设计中运用色彩学原理进行规划布局，可以创造出丰富多样、充满诗情画意的空间环境。通过色彩三大要素的巧妙组合，园林景观能展现出丰富多彩的视觉效果，为人们带来独特的视觉和情感体验。只有通过感知，色彩才能有效地传递情感。在园林景观设计过程中，设计师需要通过色彩的感知来营造一个既美观又舒适且令人愉悦的视觉环境。园林景观的色彩可以进行不同属性的组合和搭配，可以给人带来温暖与寒冷感、兴奋与冷静感、前进与后退感、华丽与朴素感、明朗与阴郁感、强与弱感、面积感、方向感等不同的感觉效果。

2. 园林景观设计色彩的种类

（1）自然色彩

在园林景观中，无论是山石、水体、土壤、植物还是动物的颜色，以及蓝天和白云，都是自然色彩的一部分。

①山石。裸岩和山石因其独特的色泽或形态，使园林景观设计拥有众多的色彩可选择，包括灰白、润白、肉红、棕红、褐红、土红、棕黄、浅绿、青灰和棕黑等。这些色彩都属于复色，与园林的基础颜色——绿色在色相、明度和纯度上都存在不同程度的差异。在园林景观设计中，这些元素被巧妙地利用，实现了既引人注目又和谐的视觉效果。

②水体。尽管水本身是无色的，但它可以利用光源的颜色和周围环境的颜色来产生各种不同的色彩，这与水的清洁度密切相关，水体色彩的有效运用可以使园林景观看起来更有活力。因此，在现代园林景观设计中，水景已成为不可缺少的一部分。通过观察水面，人们可以看到天空中的云彩和岸边的风景，这就像是穿上了一层透明的薄膜，使园林景观显得更加迷人。在园林景观设计过程中，对水体的有效利用，如人造瀑布、喷泉、水池、溪流等，再加上各种颜色的灯光，

可以创造出五光十色的园林景观效果。

③土壤。土壤颜色的生成过程相当复杂，包括黑色、白色、红色、黄色和青色。在园林景观设计中，土壤主要被植物和建筑物所遮盖，只有一小部分是裸露的。裸露的土壤会受到各种自然因素的影响而发生变色，从而使景观更加丰富和生动，裸露的土地，如土质的园路、开放的空地和树下，同样是园林景观的色彩元素。

④植物。植物是园林景观色彩的主要来源，植物的绿色被视为园林景观色彩的基础色调。植物的叶子、花朵、果实和树干都能展现出丰富的色彩，它们也会呈现出季节性的变化，这为园林景观的艺术美感设计提供了宝贵的素材。在安排叶子、花朵、果实和树干这四个部分时，设计师应优先考虑叶色的变化，因为它在一年的时间里持续出现时间较长且相对稳定。不同树种的叶片颜色各不相同，但它们都具有一定的规律性，即先明后暗或随季节变化。常绿的树叶具有厚重的特性，人们普遍认为过度种植可能会营造出一种阴暗、颓废和悲伤的氛围。许多落叶树的叶片会在阳光的照射下呈现出光影交错、色彩斑驳的视觉效果，这些落叶展现出的嫩黄色给人一种活泼和轻盈的感觉，极有可能成为园林景观的一部分。在园林景观的植物配置中，应尽量避免出现一季开花、一季萧瑟、一季枯荣的情况；应注意进行分层排列，或合理配置宿根花卉，或自由混合种植不同花期的花卉，以弥补各自的不足。

⑤动物。在园林景观里，各种动物的色彩，如鱼在浅水中游动、鸳鸯在水中嬉戏、鸟儿白色的羽毛漂浮在绿色的水面上，以及鸟儿在水中自由地漫游和觅食，不仅赋予了景观生动的形象，还为整个园林环境注入了新的活力。虽然动物的色彩相对稳定，但它们在园林景观中的位置是不固定的，可以让它们自由活动，这样可以使园林气氛更加活跃，进而增加园林景观的生气。

（2）人工色彩

在园林景观设计领域，存在一种特定的色彩构景元素，如建筑物、构筑物、道路、广场、雕像、园林小品、灯具和座椅等，它们的色彩都是人造的。尽管这种色彩在园林景观设计中的占比并不多，但其在整体设计中却是不可或缺的。由于这些建筑或雕塑具有一定的艺术性、文化性，它们与人之间有着密切的关系，因此，其对园林景观的影响非常深远。在园林景观设计中，主题建筑的颜色、形态和位置三者的融合，可以起到锦上添花的效果，尤其是色彩最为引人注目，并且色彩也具有装饰和锦上添花的功能。

3. 园林景观设计的配色艺术

（1）同类色相配色

对于具有相同色调的颜色，其色彩搭配主要依赖于明度的深浅变化，从而给人带来一种稳定、柔和、幽雅和朴素的视觉感受。在园林景观设计中，景观是由多种颜色组成的，并不存在单一颜色的景观。但是，在不同的景观中，如花坛、花带，只会种植相同色调的花卉；当盛花期到来时，花朵会淹没绿叶，这种效果会比多色花坛或花带更加吸引人的注意。在园林造景中，设计师常采用同一种颜色进行大面积组合，以增强景观的美感。例如，大片的绿色空地、道路两侧盛开的郁金香、田野中盛开的油菜花，以及枫树成熟时满山的红树，当这些同样的颜色在大面积上展现时，展现出的景色是震撼和令人称赞的。同一种植物由于色块和色调不同而形成的景观效果也有所不同，设计师要根据环境需要进行搭配。因此，在使用同色配色时，如果色彩的明度差异过小，可能会导致色彩效果显得单调、呆滞，并产生一种阴郁、不协调的感觉；若明度差太大，则容易使人感到乏味和沉闷，也就失去了美感。因此，设计师在明度和纯度的变化上要进行长距离的调整，这样可以使园林景观更为生动和有趣。

（2）邻近色相配色

在色环上，那些色距非常接近的颜色可以相互搭配，从而产生既相似又和谐的色调，如红色与橙色、黄色与绿色，这类色彩被称为邻近色。通常，大多数相邻颜色的搭配都能带给人们一种和谐、甜美和高雅的视觉体验。例如，花卉中的半枝莲在其盛花期会展现出红、洋红、黄、金黄、金红和白色等多种花色，这些花色既鲜艳又和谐，给人一种非常和谐的视觉感受。因此，邻近色成为一种重要的色彩搭配方法，并被广泛应用于园林艺术及室内设计之中。观叶植物的叶子颜色也会呈现出丰富的变化，设计师可以利用相邻的颜色，通过它们的明暗色调，创造出细腻、和谐且富有深意的景色。此外，还可通过适当地运用邻近色来增加景观绿化面积或使其形成一定层次。在进行园林景观设计时，邻近色的处理和应用是非常丰富和多变的，它可以实现不同环境间色彩的自然过渡，从而创造出协调而生动的景观效果。

（3）对比色相配色

有句老话说得好，红花需要绿叶来衬托。因此，对比色的使用要搭配得当，这样才能取得最佳效果。当色调的对比差异较大时，可以产生强烈的对比效果，容易使环境呈现出明显、华丽、明朗、爽快、活跃的情感效果，这强调了环境的表现力和动态感。如果所有的对比色都是高纯度的，那么它们之间的对比会显得特别鲜明和刺眼，给人一种不太舒适的感觉和不协调的印象，因此，对比色在园林景观设计中很少被使用。另外，设计师也可采用渐变与过渡的方法进行对比。常见的方法是采用邻补色的对比，并结合明度与纯度进行调整，以减少它们之间的强烈矛盾，如在公园绿地中，绿色植物的分布往往与环境背景色调一致，因此可以运用对比来衬托主体，使之产生鲜明的对比美。在相同的园林景观空间中，应该明确区分色彩的主次，这样可以更好地协调整体的视觉体验，并强调色彩带来的视觉冲击效果。不同种类的植物对环境的反映有一定的差异，因而需要采用不同的对比色来表现它们各自的特点。在植物配置方面，最具代表性的对比色处理实例是桃红柳绿和绿叶红花，它们共同创造出一种既活泼又浪漫的对比视觉情境。在需要吸引游客并给他们留下深刻印象的情境中，对比色经常被采用。人们经常采用对比色彩来清晰地区分景观的主次。

（4）多色相配色

园林中的景色如同一个五光十色的世界，其中多色搭配的方法在园林设计中得到了广泛的应用。在多色处理中，一个显著的例子是色块的组合使用，这意味着设计师要使用各种大小的色块进行组合设计，如深绿色的森林、黄绿色的草地、金色的花田、红白交错的花园和闪烁的水面等。这些颜色具有很强的层次感与空间感，能够丰富园林空间环境的层次与美感。在草坪、护坡和花坛中嵌入各种颜色的植物，都可以获得出色的视觉效果，这种手法可以使园林更具艺术美感。渐层配色技术是处理多种颜色的一种普遍手段，它可以使某一色相从浅变深，从明变暗或完全相反，为人们带来柔和和宁静的感官体验；或者从一种色相逐步转化为另一种色相，甚至是对比色相，使景观看起来更加和谐和生动。在进行色彩搭配时，设计师应该将色相的变化过程细分为多个色阶，并选择其中1~2个色阶的颜色进行组合，避免选择距离过近或过远的颜色，因为太近的颜色会使渐变效果不明显，而太远的颜色则会失去渐变的效果；注意保持渐变层次与明度之间的协调关系，使之产生丰富的美感。在园林景观设计中，渐层配色技术特别适合于花坛的布局、建筑物的设计及园林空间色彩的转换。在园林景观设计中，多色处理具有极高的变化性，因此设计师需要根据园林景观自身的特性、周围环境及特定需求来进行艺术性的布局，植物配置尤为关键。为了创造出花期各异且季节性变化的景观，设计师可以考虑使用牡丹、棣棠、木槿、月季、锦带花和黄刺玫等植物；在创造春天的花朵和秋天的果实的景观时，设计师可以考虑使用玫瑰、牡丹、金银木等植物；在创造四季的花卉景观时，广玉兰可以与牡丹、山茶、荷花、睡莲等植物搭配使用，这样就可以呈现出春天牡丹盛开、炎夏荷花盛开、仲夏玉兰飘香、隆冬山茶吐艳的迷人效果。在选择植物时，设计师可以选择拥有姿态优美的、色彩斑斓的、芳香艳丽的花朵，秀丽的叶形，艳丽奇特的果实的树木或四季常青的树木。观赏类植物各具特色，包括乔木、灌木、草本类、花木类和果木类；在选择时，设计师需要考虑色彩的协调，同时也要注意不同季节的衔接。

4. 园林景观色彩设计的特殊性

与建筑、服饰和工业产品的色彩设计不同，植物在园林景观设计中起到了核心的造景作用。因此，在大多数的园林景观，特别是在城市公园和绿地中，绿色成为主要的色彩基调，而建筑、园林小品、铺装和水体等景观元素的色彩则是作为装饰元素而存在的。由于这些因素的存在，使得不同区域的园林植物色彩具有明显差异。例如，在一些主要以硬质铺装为基础的广场和休闲活动场所，铺装、水体、建筑和园林小品等元素在园林景观的色彩构成中起到了主导作用，而植物色彩的影响则相对较小。但是，无论园林景观的色彩设计是以绿色为基调，还是以其他颜色为基调，都必须遵循色彩学的基本原则，运用色彩的对比和调和规律，以创造和谐、优美的色彩为目标。

5. 园林景观设计空间色彩构图艺术

（1）园林景观设计色彩构图法则

①均衡性法则。均衡性法则描述的是园林景观中多种色彩组合给人带来的视觉与心理上的一种感受。设计师通过对景观色彩的选择和运用，可以使景观达到和谐统一的状态，保持和谐动态平衡。均衡是园林景观设计中非常重要的一个原则，也是设计师追求的目标之一。园林景观色彩的均衡与其多种特性的应用紧密相关，其特性，如色相的对比、面积的大小、位置的远近、明度的高低和纯度的

变化等都是实现园林景观色彩均衡的关键因素。

②律动的法则。律动具有明确方向、充满活力、有序和有条理等特点，遵循律动法则的景观总是随着环境而变化的。律动向人们展示了景观随时间变化而产生的变化，让人感受到景观色彩的活力，并给人带来更多乐趣。

③强调的法则。在园林景观中，总会强调一个核心或焦点，如"万绿丛中一点红"，这有助于凸显"红"的特质。在园林设计中，主题或重心往往与园林布局、植物配置等因素紧密相关，甚至决定了整个景观的效果和质量。园林景观设计的核心在于主题的呈现，并且主题应当明确并起到关键作用，用作衬托的背景不应过于突出。

④比例的法则。在园林景观的色彩构图中，色彩各部分的比例关系是设计师考虑的一个重要因素，包括色彩的数量、大小、内外、高度、位置等方面以及色相、冷暖、面积、明度、纯度等。保持一定的色彩比例可以使景观给人带来舒适的感受。

⑤重复的法则。重复使用相同的颜色是为了更好地突出和加深人们的记忆。重复是一种艺术形式，它能使人对艺术作品产生强烈的心理感受与共鸣，从而增强作品的感染力和表现力。可以重复单一的颜色，也可以重复经过组合的颜色，这样可以避免画面显得单调和呆滞。色彩的重复还能够增强画面的节奏感、韵律性和视觉冲击力。在广场、草地及其他宽阔或较长的绿地上，往往会更多地使用重复的法则。

⑥渐进或晕退的法则。渐进与晕退是一种对色彩的处理技巧，可以通过按比例逐渐变化色彩的纯度、明度和色相，创造出连贯而和谐的色彩过渡效果。渐进使色彩呈现出柔和而优雅的流动感，会使景观形成一种具有秩序美的视觉节奏；而晕退则通过均匀地模糊色彩的浓淡、明暗、纯净度或色调，推动色彩之间的自然过渡，达到与渐进类似的效果。这种技巧不仅可以应用于广场、道路景观、建筑物等大型场所，也适用于花卉摆放等处，能为环境创造出一种和谐统一的美感。

（2）园林景观设计中在色彩构图时要考虑的主要因素

①园林景观的性质、环境和景观需求。园林的性质、环境和景观需求各不相同，因此在色彩的应用上也会有所区别，为了展现出独特的风格，必须巧妙地将这三个要素结合起来，这样才能达到和谐统一的效果。公园类型的园林景观设计

应以自然风光为主导，主要使用淡雅和自然的色调，尽量避免或减少使用对比鲜明的色彩。陵园类型的园林景观需要有一种庄重和肃穆的氛围，其布局通常是规整的，一般多种植常绿的针叶树，以强调陵园的庄重和肃穆。居住区景观中的绿化配置可选择与道路走向相同或相近的树种，并尽量多采用落叶树种。在进行街道和居民小区的园林绿化时，除种植绿色植物来改善环境外，还需要考虑人们的休闲和娱乐需求，采用能够创造明朗、洁净、柔美等视觉效果的配色方案。

②游客对象。在不同的环境中，人们的心理需求各不相同。不同季节、气候条件及人群活动特点等因素对园林绿地景观产生着很大影响。在寒冷的环境中，暖色调会让人有温暖的感觉，在各种喜庆的节日和文化娱乐活动中，暖色调也是一个不错的选择，因为它能激发人们的热情和兴奋；而冷色调则能带给人一种清新和宁静的感觉，在高温地区，人们更倾向于使用冷色调，而在宁静的氛围中，冷色调也是一个不错的选择。在进行园林景观设计时，设计师不仅要设计一个充满活力和欢乐的空间，还要营造一个深邃而宁静的氛围，以满足游客多样化的心理需求，并让整个空间充满动态和静态的变化。

③确定主调、基调和配调。由于游客在园林景观中处于一种动态的观赏状态，景观需要不断地变化。因此，在色彩方面，设计师应突出变换的景物的主要色调，以实现园林景观的整体统一。在园林景观的色彩设计中，设计师需要明确主调、基调和配调。主调能从整体上反映园林景观各要素之间的协调关系及总体效果，如主题或意境等，它具有统领全局的功能。主调和基调通常是贯穿于整个园林景观的，需要被明确突显。基调和配调能够起到烘托作用，能使主调、基调和配调之间的搭配相得益彰。地面的基调是基于自然而设定的，园林景观通常以植被的绿色为基调。在构图过程中，选择主色调和配色调是非常重要的。在选择主调时，由于选择的主题对象有所不同，某些色彩是基本保持不变，如武夷山的"丹霞赤壁"和云南的"石林"等无生命的山石和建筑，它们很少或不会发生明显的变化；具有生命活力的植物，如花朵、叶片和果实，它们的颜色常常会随着季节的更迭而发生改变。因此，设计师要根据选用的颜色来决定主调，即如何表现主题，怎样体现意境。配调对园林景观起到了衬托或增强的效果，因此，其色彩的搭配主要从两个角度来思考：首先，利用相邻的颜色从正面突出主色调，为主色调提供辅助；其次，通过使用对比色来从背面突出主色调，从而增强主色调的对比效果。

二、园林景观设计的文化价值

（一）地域性

地域文化的表现形式会受到自然环境中地形、地质和气候等多种因素的综合影响，它是在长时间的社会发展过程中逐渐形成一种具有地域特色的文化现象，能反映一个地域居民对自然的认知和理解方式。不同的地域文化都有其独特之处。例如，东方和西方分别孕育出了两种截然不同的文明，这也导致了东西方园林存在巨大差异。在西方文化中，理性被高度推崇，科学被严格遵循，实证研究被重视，从而形成了一种规范化的景观设计方式；而东方的文化则重视情感的表达，强调精神的追求，并在形式上追求禅意，这也导致了东方自然式园林景观设计方式的出现。

（二）民族性

早期人类在生存与斗争中逐渐意识到团结的重要性，基于各种因素，如族群、血统、家族关系、宗教信仰和地理位置等，形成了相对稳定的群体结构，这种群体结构的存在，使不同部族之间维持相对稳定的社会结构与关系；同时，民族之间的血缘归属感、维护感，以及认知和相互尊重的理念又塑造了各自独特的风俗习惯。这在园林景观设计中表现为民居建筑、庆典和祭礼场所等不同风格的建筑。

（三）宗教性

各种不同的民族和地区群体都拥有他们独特的宗教信仰体系。在西方传统社会中，宗教与世俗之间有着密切的关系。不同宗教的建筑、教义、教规、庆典仪式、服饰道具，甚至色彩、形式，都受到严格的规定，它们既反映着当地居民的生活习俗与审美情趣，也体现出他们独特的心理状态与信仰观念。从宗教文化视角去评估景观，能够了解到其深层的文化含义。

（四）历史性

文化历史可以定义为各个地区和民族文化在其发展历程中所留存的，被群体普遍接受并在各自民族文化的某一特定时期占据主导地位的文化成就。作为一种独特的精神财富和社会现象，文化历史具有鲜明的时代性特征，它在不同的历史阶段都被视为标准、准则和潮流，并对该地区民族的后续历史产生了深远和广泛的影响。园林作为人类社会生活的产物，必然受人们思想观念的支配。例如，在中国春秋战国时代，韩非子的法学、孔孟的儒学等，都对传统园林设计产生了深远的影响，曲径通幽和小桥流水的设计理念都是这些思想的具体体现。作为人类精神生活载体的园林，与其他物质产品一样具有悠久的发展史和丰富的文化底蕴。每一个民族和文化都拥有一定的历史背景，而每一种文化在其发展的各个阶段都或多或少地受到了外部文化的影响，为新时代的文化注入了新的元素。因此，在评价园林景观设计时，人们也需要考虑其设计是否真正重视了文化历史。

第二章　园林景观设计的构成要素

造园有法而无式。因此，园林景观设计有很多可能性。此外，展开分析园林景观设计领域各项要素，有利于学者对园林景观设计类型进行研究。本章为园林景观设计的构成要素，主要介绍了五方面的内容，依次是地面铺装设计、山石设计、植物设计、水景设计、景观小品设计。

第一节　地面铺装设计

一、地面铺装的分类

地面铺装涉及使用多种材料对地面进行装饰和铺设，其应用范围覆盖了园路、广场、活动场所的地面等多个区域。地面铺装因其独特的形式与功能成了现代城市建设必不可少的组成部分。在景观环境中，地面铺设扮演着至关重要的角色，具有多种功能。第一，地面铺装可以防止地面在雨天变得泥泞和难以通行，在高频率和大负荷的使用条件下，地面也不容易受损；第二，地面铺装为大家提供了一个优质的休憩和活动场所，创造了一个美观的地表景色；第三，地面铺装不仅起到了分隔和组织空间的功能，还将各种绿地空间整合为一个统一体，使地面具备组织交通和引导游客参观的功能；第四，地面铺装不仅是园林景观空间中的一个重要界面，与建筑、水体和绿化一样，也是园林景观设计中的一个关键元素。

我国地面铺装设计历史悠久，如元代的"金砖"，因其质地细密、坚硬如石、光亮可鉴而成为中国古代园林铺装艺术中的一绝。现代园林景观设计中，随着材料的推陈出新、施工技术的提高，地面铺装的表现形式越来越丰富。

（一）整体路面

整体路面是指用水泥混凝土或沥青混凝土进行统铺的地面，它成本低、施工简单，并且具有平整、耐压、耐磨等优点，适用于通行车辆或人流集中的道路，常用于车道、人行道、停车场的地面铺装，缺点是较单调。

（二）块材铺地

块材铺地主要用于建筑物入口、广场、人行道、大型游廊式购物中心的地面铺装，包括各种天然块材、预制混凝土块材和砖块材铺地。天然块材铺装路面常用的石料首推花岗岩，其次是玄武岩、石英岩等，这些块材一般价格较高，但坚固耐用；预制混凝土块材铺装路面具有防滑、施工简单、材料价格低廉、图案色彩丰富等优点，因此在现代景观铺地中被广泛使用；砖块材是由黏土或陶土经过烧制而成的，在铺装地面时可通过砌筑方法形成不同的纹理效果。

（三）碎料铺地

碎料铺地是一种由卵石、碎石等材料组成的地面铺装方式，主要适用于家庭庭院及各种休闲和分散的小径，这种铺设方式既经济实惠又美观，具备很好的装饰价值。

（四）综合铺地

综合铺地是指综合利用上述各种材料来进行地面铺装的铺装方式，其独特之处在于其丰富的图案和纹样，非常有特色。

二、地面铺装的设计要点

（一）地面铺装的指引性

道路在园林景观中往往能起到分隔空间和组织空间的作用，规律的道路使游人能够按照设计者的意愿、路线和角度来观赏景物。因此，设计师可以通过地面铺装设计来增加游览的情趣，增强道路的方向感和空间的指引性。常用的手段是对地面进行局部的重点装饰，使其起到暗示的作用，装饰的重点应与具体的空间环境相适应。

长形的空间具有向前的指引性。在长方形空间进行地面铺装设计时，大多对整条路面进行装饰，或强调路线的起点，或把装饰重点放在道路的两侧。

T形的空间具有转角的指引性，在地面铺装设计时，重点应放在两条路的交会处。

圆形、方形、井字形等形式的空间，具有向心的指引性，因此装饰的重点应在道路的中心。

（二）质感

地面铺装的美在很大程度上依赖材料质感的美。铺地的材料一般以粗糙、坚固为佳。

1.要与周围的环境相协调

在选择材料之前，设计师要充分了解它们的特征，使其成为空间的特色：大面积的石材铺地让人感觉到庄严肃穆；砖铺地面使人感到温馨亲切；石板路给人一种清新自然的感觉；原木铺地让人感到原始淳朴；水泥地面则给人纯净冷漠的感觉；卵石铺地富于情趣。

2.要考虑统一或对比调和

当使用地要进行植物、石子、沙子、混凝土铺装时，使用一种材料的地面会比使用多种材料的地面更整洁和统一，会有较为协调的美感。

如果运用质感对比的方法铺地，也能获得一种协调的美，增强铺地的层次感。例如，在尺度较大的空地上采用混凝土铺地是会略显单调，为改变这种局面，可以在其中或道路旁采用局部的卵石铺地或砖铺地来丰富层次；在草坪中点缀步石，石板坚硬、深沉的质感和草坪柔软、光泽的质感相对比，丰富了地面的层次。

3.要与色彩的变化均衡相称

如果地面色彩变化过多，则质感的变化就要少些；如果地面色彩单调，则质感的变化相对应该丰富些。

（三）色彩

1.色彩的背景作用

在园林景观设计中，地面的色调通常起到了突出景点背景或底色的作用，而真正的核心是人与风景（除非有特殊情况）。不同的景物有其特定的色彩要求，如果地面色彩与其搭配不当或缺乏美感，就容易引起游人视觉上的疲劳和注意力的分散，从而影响观赏效果。因此，在选择地面的色调时，设计师应避免选择过于明亮和华丽的色调，否则可能会过于突出，导致整体氛围变得混乱；还应考虑到人们对颜色的心理感受。在选择色彩时，设计师应该确保它既稳定又不显得沉闷，既明亮又不显得庸俗，能够得到大部分人的认同。

2. 色彩必须与环境相协调

各种不同的色调为人们带来不同的情感体验，可能是平静、洁净、稳定，也可能是热情、活跃、舒适，或者是粗糙、野性、自然。因此，在进行地面铺装设计时，设计师可以有意识地运用色彩变化来丰富和加强空间环境的氛围。

3. 色彩的调和

如果设计师在地面铺装设计中选择了过多种类的材料，而忽视了色调的平衡，这将严重损害景观的整体美感。为防止这种情况发生，设计师可以在铺装设计阶段首先确定地面的色彩基调，色调可以是冷色调或暖色调，可以是明亮的色调，也可能是暗淡的色调，还可以是相似的色彩调子的组合。根据不同区域的特点，采用各种颜色进行组合，形成统一而又不杂乱的效果。在掌握了地面色彩的主色调之后，哪怕在某些区域出现轻微的跳跃性变化，也能更容易地实现整体的和谐统一。

（四）尺度

路面砌块的尺寸、色调、触感及接缝设计等各方面都与所处场地的规模有着紧密的联系。通常，大型场地的地面材料应选择较大的尺寸，质地可以选择较粗的，图案不应太细，而颜色则应展现出沉稳和稳重的特点；对于较小的场地，其地面材料的尺寸应适当减小，质地不应过于粗糙，图案可以更加细致，颜色也应更加鲜艳和生动。例如，在较宽的道路和广场上，水泥砌块和大面积的石料是合适的选择；而在较小的路面或空地上，较小尺度的地砖和卵石则更为合适。

第二节　山石设计

一、风景园林中的山石与文化内涵

（一）山景寓意

山为人们带来了高尚的审美体验，山的厚重代表了德行，它的高度超越了世俗的标准，因此受到了众人的尊敬，孔子也曾说过"知山乐水。仁者乐山"这样的话。自古以来，山被认为是隐居者的居所，其崇高和神秘的特质是中国文化对山的诠释。昆仑山被誉为可以直达天际的山脉，是东王公和西王母居住的地方，泰山则往往是古代帝王进行祭天仪式的场所。山川都有自己的性格和气质。因此，山石往往会与人的品德和学识融为一体，蕴含着仁爱和智慧的道德内涵。

（二）山石审美

在古代的园林景观设计中，虽然可以没有山脉，但绝对不能缺少石头。山石和水是不可分割的一个整体，古人有云：石令人古，水令人远，园林水石，最不可无。[①] 石头具有山的形态和质感，其审美标准包括瘦削、漏水、皱纹、奇特和丑陋。这些奇特的山峰和石头为人们提供了无限的想象空间，因此被赋予了"石翁""石叟"和"石兄"这样的拟人化称号。

（三）叠山名称

在园林设计中，水池之上的叠山被誉为最佳之地。①水中的山可以被称为池山或水上的叠步石，山顶上建有飞梁，或者在洞穴中隐藏着矶石，这就像是蓬莱的仙境（图2-2-1）。②峭壁山，它将墙壁作为绘画材料，湖石和水滴作为绘画元素，搭配黄山松、古梅桩，通过圆形窗户观赏，人仿佛置身于一个仙境之中，既不占用额外空间，也能欣赏到美丽的景色。③书房山，它是由山石构成的，意味着在厅的前方推山，将精美的小石头嵌套在墙上，并种植像爬山虎、

---

① 张承安. 中国园林艺术辞典 [M]. 武汉：湖北人民出版社，1994.

凌霄花这样的花木和藤本植物，让它们沿着山石的边缘盘绕。④楼山，当叠山位于楼的另一侧时，应该将其建得很高，而不是太靠近楼的前方，这样才能传达出深远的意义。⑤阁山，把山石和楼阁紧密地连接在一起，形成了楼阁旁边的阶梯，仿佛是从山上爬上台阶进入楼阁。⑥内室山，在室内将巨石叠放，房屋内部就会出现坚固异常的山峰，墙壁直立，仿若悬空，这一景象会让人联想到神秘的山洞府。

图 2-2-1　园林水池上的叠山

二、叠石手法与造景

（一）用石种类

1. 太湖石

太湖石是水中的产物，具有多孔结构和坚硬润泽的特性，它呈现出嵌空、穿眼、婉转和险怪的奇异形态，颜色包括白色和青黑色。太湖石的纹理交织在一起，布满了凹孔，敲击时会发出声音，其造型多样，千姿百态，富有韵律，给人以强烈的艺术感染力，深受人们喜爱。太湖石的价值在于其高大的形态，它非常适合放置在院中，展现出壮观的景色，同时也可以被堆砌成假山、花坛或摆放在庭院的广榭中。由于其材质特殊，所以太湖石又被称为"石中之王"。太湖石的形象与宜兴石和南京龙潭石有许多相似之处，它们外表都为青色且较为坚固。在堆叠假山的过程中，没有造型变化的太湖石可以做底座，有花纹的可以单独点景，有皴的碎石应该拼接皴纹，尽量使其叠成像山水画一样有气韵的假山。

2. 黄石

黄石的质地非常坚固，很难雕刻，其形态规整，非常适合堆叠成假山。我国有着丰富的黄石品种资源，从常州的黄山、苏州的尧峰山到镇江市十里长山，再到安徽，都有黄石产出。

3. 宣石

宣石是安徽省宣城市的产物，表面为纯净的白色，但由于在地下时被红土沉积，因此在选用的时候必须进行仔细清洗。宣石在雨水的冲刷作用下会变得越来越白，就像"雪山"一样，也可以放在桌子上作为盆景来欣赏。

4. 灵璧石

灵璧县坐落在安徽省宿州市的辖区内，当地的磬云山是灵璧石的产地，这种石头形态独特，宛如巍峨的山峰，其形态陡峭且直冲云霄，呈现出一种曲折的形态，并在土壤中自然形成。灵璧石色泽艳丽，质地细腻，纹理清晰，是一种天然艺术品。灵璧石可以被加工成盆景。

5. 湖口石

湖口石源自江西省九江市湖口县，主要产于水中或水边，其呈现出两种主要形态：一种呈现出青色，形态自然，仿佛是山峰、山峦、岩石和溪谷的微缩模型；另一种则是扁平且具有孔隙，洞眼贯通，石纹如同细丝，表面微润，轻敲时发出清脆的声响。

6. 六合石子

六合石子这种玛瑙石是在六合县的灵居岩的水边形成的，目前被统一称作雨花石。这种石头色泽晶莹透明，质地温润细腻，花纹美观奇特。雨花石的表面装饰着五彩斑斓的纹路，这些纹路光滑明亮，色彩斑斓，当它们被铺在地面上时，就像一幅绚丽的锦绣。

7. 花岗石

宋朝的皇帝在江南地区采集了花岗石，并从中挑选了珍贵的太湖石，将其运送到东京。在江苏、山东和河南等地，这些珍贵的花岗石都有遗存，它们是在当年的采运过程中遗留下来的。当时朝廷为了使这些石料得到更好地保存和利用，把它们加工成各种形状和图案，并以紫铜制成花纹精美的铜质装饰件，供皇家观赏。鉴于陆地运输的巨大挑战，宋代的花岗石显得尤为珍稀，将其置于园内无疑能成为园林中的一道独特风景。

（二）叠石造景手法

中国民间传统叠山技术三十字诀：安连接斗拷，拼悬卡剑垂，挑飘飞戗挂，钉担钩榫扎，填补缝垫杀，搭靠转换压。

1. 凿池推土为山

在城市的平地上进行园林景观设计时，设计师可以选择将挖出的土方堆砌成土山，然后在土山上嵌入湖石，将湖石藏在土山中，这样可以形成土石风化的自然效果，使得土石的石脉露出土外。这种设计方法使用的石头数量较少，它们会时隐时现，装饰在山径的两侧，给人留下深刻的印象，其设计既科学又合理，而且使用的石料也相对较少。

2. 山贵山巅

高峻的山顶称作巅，在造山的时候，山顶应该是凸出的，不能是一般的平坦，也不能是笔架式的。在选择石头时，设计师需要注重其形态，不能简单地将其并排放置，而应根据所选的布景来决定。当进行假山的堆叠工作时，选择山顶的石头是非常关键的，设计师应该选择造型独特的山石来装饰山顶。

3. 独石成峰

峰石是一块整石，古代园林中往往以一块巨大的天然太湖石为石峰，如苏州园林的瑞云峰。造这种实景时，底座可以用小些的石块，封顶用大石，但必须重心平稳，符合力学原理，不能倾斜，否则日久容易倾倒伤人。选石时要看石头的阴阳向背或纹理，事先请工人凿好有榫眼的座子，再将上大下小的峰石安装在座子上。峰石以立式为美，也可以用两三块石拼叠而成，造型仍然是上大下小，力量平衡似有飞舞之势。

4. 平衡悬崖

悬崖，如理悬岩，起脚要小，渐推渐大，使其后方坚固，作为基础，再用力学平衡的方法，将长条石压在上面，如墙基埋于坑内，来平衡前后石块的重量，它往往能悬空数尺，气势惊人。

5. 山洞石窟

假山上，空腹假山是最省石料的，它的内部可以做成石窟，也便于游览。砌山洞的方法与造屋相同，平整地基以后，以石为柱，让它固定住；选奇妙有孔的石块作门窗，便于采光；上部收顶用条石压住，条石上筑土为台，留台阶路径后再用碎石铺好。山洞中可以布置石床、石凳，山洞顶上可以安放亭屋、筑台，种植树木，只要适宜都可以。

6. 假山以临水为妙

山得水则活，水得山则幽。用石桥、石洞连接山水，水随山转，或是在水边置石，水中立石，都能成景。假山也是靠水为佳，无水处可做山洞，雨天自成山洞溪流；引水时可在山顶上做天沟，留下一个小坑蓄水，水从石口吐出，泛漫而下的时候，就构成古人所谓的"坐雨观泉"了。

第三节　植物设计

一、园林景观中的植物类型

园林景观中的植物种类繁多，按类型来分有以下几种。

（一）乔木

乔木是创造植物景观的主要材料，它们主干高大明显、生长年限长、枝叶繁茂、具有很好的遮阴效果，在植物造景中占有重要的地位，并在改善小气候和环境保护方面作用显著。以观赏特性为分类依据，可以把乔木分为以下两个类型（表2-3-1）。

表 2-3-1　乔木的分类

分类序号	分类依据	代表树种
1	常绿类	榕树、樟树、广玉兰、桂花、山茶、油松、雪松、黑松、云杉、冷杉、侧柏、圆柏等
2	落叶类	梧桐、银杏、毛白杨、旱柳、垂柳、悬铃木、玉兰、金钱松、水杉、落叶松等

景观绿化，乔木当家。乔木体量大，其树种的选择和配置最能反映景观的整体形象和风貌。因此，乔木是植物造景首先要考虑的元素。

（二）灌木

在园林景观中的灌木也称花灌木，是指具有美丽芳香的花朵、多彩的叶片或吸引人的果实等观赏价值的灌木和小乔木。这些植物具有独特的观赏价值，可形成各种不同形态和层次的园林景色。灌木在景观植物中属于中间层，起着乔木与地表植物之间的连接和过渡作用；在造景方面，它们既可作为乔木的陪衬，增加树木景观的层次变化，也可作为主要观赏对象，突出表现灌木的观花、观果和观叶效果。灌木平均高度基本与人的平视高度一致，极易形成视觉焦点，加上其艺术造型的可塑性强，因此在景观营造中具有极其重要的作用。按照其在景观中的造景功能，可以把灌木分为以下几个类型（表2-3-2）。

表2-3-2　灌木的分类

分类序号	分类依据	代表灌木
1	观花类	梅花、紫荆、木槿、山花、蜡梅、紫薇、芙蓉、牡丹、迎春、栀子、茉莉、夹竹桃等
2	观果类	南天竹、火棘、枸棘、毛樱桃、金橘、十大功劳、小叶女贞、黑果绣球、贴梗海棠等
3	观叶类	大（小）叶黄杨、石楠、金叶女贞球、卫矛、紫叶小檗、矮紫杉、蚊母树、雀舌黄杨、鹅掌柴等
4	观枝干类	红瑞木、棣棠、连翘等

（三）花卉

这里的花卉是狭义的概念，仅指草木的观花植物，特征是没有主茎，或虽有主茎但不具木质或仅根部木质化，可分为一二年生和多年生草本花卉，如太阳花、矮牵牛、蝴蝶兰、长生菊、射干、一串红、五色苋、甘蓝、兰花等（图2-3-1、图2-3-2）。

图 2-3-1　矮牵牛　　　　　　　　　　　　　　图 2-3-2　射干

花卉具有种类繁多、色彩丰富、生产周期短、布置方便、更换容易、花期易于控制等优点。花卉不仅能丰富景观绿地，还能够烘托环境气氛，特别是在重大节庆期间，花卉以其艳丽丰富的色彩倍增喜庆和欢乐气氛。因此，花卉在园林景观中被广泛应用，具有画龙点睛的作用。

（四）草坪和地被植物

草坪可以定义为具有特定设计、结构和使用目的的人造草本植物构成的块状地面，或者是供人们进行休闲、娱乐和体育活动的坪状草地，它具有很好的美化作用和较高的观赏价值。随着城市建设规模的不断扩大和绿化事业的迅速发展，草坪已成为城市绿化不可缺少的重要组成部分。草坪在当代的绿色景观中得到了广泛的应用，几乎每一个开放的空地都可以设置草坪来覆盖地面，以防止水土流失和避免二次飞尘，或者利用草坪创造出像地毯一样自然的休闲活动和健身空间。

草坪植物可分为两大类（表 2-3-3）。

表 2-3-3　草坪植物的分类

分类序号	分类依据	草坪植物代表
1	暖季型草坪草	地毯草、结缕草、格兰马草、狗牙根等
2	冷季型草坪草	高羊茅、细羊茅、小糠草、草地早熟禾、加拿大早熟禾等

草坪作为一种空间景观，最适合用于面积较大的集中式绿地，因此在城市景观规划中较为常用，它能使城市居民获得开阔的视野和充足的阳光，使环境更为

整洁和明朗（图 2-3-3）。

图 2-3-3 草坪

地被植物是指株丛紧密、低矮、用以覆盖景观地面、防止杂草滋生的植物。草坪植物实际属于地被植物，但因其在景观艺术设计中的重要性，故单独划出。常见的地被植物有麦冬、葱兰、二月兰等。

地被植物适应性强、造价低廉、管理简便，是景观绿地设计中最常用的植物。

（五）藤本植物

藤本植物是指自身不能直立生长，需要依附他物或匍匐地面生长的木本或草本植物，它最大的优点是能很经济地利用土地，并能在较短时间内创造大面积的绿化效果，从而解决因绿地狭小而不能种植乔木、灌木的环境绿化问题。常见的藤本植物有牵牛花、金银花、何首乌、葫芦、紫藤、葡萄、龙须藤、五叶地锦等。藤本植物由于极易形成立体景观，所以多用于垂直绿化，这样既有美化环境的效果又有分隔空间的作用，加之纤弱飘逸、婀娜多姿的形态，能够软化建构物生硬冰冷的立面，而带来无限生机。藤本植物的景观设计方式有绿廊式、墙面式、立柱式。

（六）水生植物

水生植物是指生长在水中、沼泽或岸边潮湿地带的植物，它对水体具有净化作用，并使水面变得生动活泼，增强了水景的美感。常见的水生植物有荷花、菖蒲、王莲、凤眼莲等。

二、植物的配置

（一）植物配置的形式美原则

在进行植物景观设计时，必然会涉及形式美原则这一问题，即用形式美的规律对植物景观进行构思、设计，并把它实施建造出来。

1. 对比与调和

在植物景观设计中，设计师既要运用对比也要注意调和。调和是为了让景观产生协调感，从而使人心情舒适、愉悦，对比是为了突出主题或引人注目。调和可以通过植物的种类和布局形式等方面来获得统一协调。对比的方式有以下几种。

（1）空间对比

巧妙地利用植物在园林中创造开敞与封闭的对比空间，能引人入胜，丰富游客的观赏体验。人从封闭空间进入开敞空间，会感到豁然开朗、心旷神怡；反之，则会觉得景观深邃而幽寂，别具韵味。

（2）体量对比

体量对比是指植物的实体大小、粗细与高低的对比关系，其目的是相互衬托。

（3）方向对比

方向对比指景观中植物横向和纵向的线性对比，如单株乔木与草坪配置会形成乔木更加突出、草坪更加开放的效果。

（4）色彩的对比

远观其色，近观其形。植物的色彩往往是景观给人的第一印象，利用植物色彩的冷暖、明暗对比，巧妙配置，能为景观增色不少。例如，枫树种植在浓绿的树林背景前，在色彩上形成鲜明的冷暖对比，打破了单调的格局；在花坛设计中，利用多种不同颜色叶片的灌木组合成各种图案造型，是植物景观设计中常用的手法。

2. 平衡与稳定

植物的质地、颜色和大小等因素都会对其平衡性和稳定性产生影响，这种平衡可以分为"对称平衡"和"非对称平衡"。对称平衡设计经常被应用于有规律的建筑、庄重的陵园或皇家园林中，给人们带来有序、整齐和庄严的视觉体验。非对称式的平衡设计可以使景观给人们带来自然而生动的体验，这种设计经常被应用于，如花园、公园、植物园和风景区等更为自然的场所。例如，一条蜿蜒曲折的园路两旁，园路右边若种植一棵高大的雪松，则邻近的左侧需要种植数量较多、单株体量较小、成丛的花灌木，以求平衡稳定。

3. 比例与尺度

植物景观设计确定出合理的比例与尺度，能获得较好的景观视觉效果。这种比例尺度的确定是以人体为参照物的，与人体具有良好尺度关系的物体被认为是合乎标准的、正常的，比正常标准大的比例会使人感到畏惧，而小比例则会使人有从属感。

在园林景观中，植物的空间布局受到其自然生长特性的制约，因此，其比例和尺寸的精确控制可能并不容易实现。然而，在园林景观设计中，考虑到植物的长度和空间比例也是至关重要的。例如，在私家庭园中，树种应选用矮小植物，体现出小中见大；由于儿童视线低，设计儿童活动场所时，绿篱的修剪高度不宜过高。

4. 节奏与韵律

节奏是一种规律，在节奏的基础上进一步深化，就形成了既具有情调又有规律，还可以被掌握的属性，这种属性被称为韵律。植物作为造景材料，是构成园林空间层次与景观效果不可缺少的元素之一。在植物景观的设计过程中，设计者可以根据植物的形状、颜色和质感等特点，进行有规律和有韵律的组合，通过对这些组合的分析和研究，总结出一些规律性的特征，从而创造出具有节奏感和韵律感的景观效果。常用的节奏和韵律表现方式包括行道树、高速公路中央隔离带等能够满足人们快速心理节奏的街道绿化。设计师要注意植物的纵向立体轮廓，使植物高低搭配，产生节奏韵律，避免局部呆板。

（二）植物配置设计

1. 植物配置的基本形式

（1）规则式

规则式也被称为几何式或图案式，具体指乔木和灌木等距离排列种植，或者进行有规律的简单重复，形成规整的形状；花卉布置以图案为主，花坛多为几何形；多使用植篱、整形树及整形草坪等（图2-3-4），体现了整齐、庄重、人工美的艺术特征。典型代表是西方古典园林景观。

（2）自然式

自然式也被称为风景式或不规则式，具体指植物景观布局没有明确的轴线，植物的分布是自由变化的，没有固定的规律；植物种类繁多，没有固定的行距，形态各异，充分展现了植物的天然生长特点（图2-3-5），体现了生动活泼、清幽自然的艺术特征。典型代表是中国古典园林景观。

图2-3-4　规则式植物配植

图2-3-5　自然式植物配植

（3）组合式

组合式是规则式和自然式结合的形式，吸收了两者的优点，既有整洁、明快的整体效果，又有活泼、轻松的自然特色，在现代园林景观设计中应用较多。根据组合的侧重点不同，组合式可分为自然为主，规则为辅；规则为主，自然为辅；

两者并重三种形式。

2.植物配置设计的种类

（1）孤植设计

孤植指为突出显示树木的个体美而单株种植的树木，也称独赏树，常作为景观构图的主景，一般为体形高大雄伟或姿态优美或无花果的观赏效果较好的树种。

孤植作为主景，其栽植地点位置要高、四周空旷，便于树木向四周伸展，并具有较好的观赏视距。孤植可种在大片草坪上、花坛中心、道路交叉点、道路转折点、池畔桥头等一些容易形成视觉焦点的位置。

（2）对植和列植设计

对植是数量大致相等的树木按一定的轴线关系对称地种植。列植是对植的延伸，指成行成带地种植树木。对植和列植的树木不是主景，是起衬托作用的配景。

对植多应用于大门两边、建筑物入口、广场或桥的两旁。列植在景观中可作景物的背景，种植密度较大的可形成树屏，起到分割空间的作用。列植多由一种树木组成，也有间植搭配，并按一定方式排列。列植应用最多的是公路、城市街道行道路、绿篱等。

（3）丛植设计

两三株或一二十株相似的树种较紧密地种植在一起，使林冠线形成一个整体的外轮廓线，这种种植方式称丛植，是当城市绿地里的植物作为主要景观布置时常见的形式。

丛植须符合多样统一的原则，树种要相同或相似，但树的形态、姿态及配植的方式要多变，不能像对植或列植一样形成规则式的树林。丛植时，要注意种植的形式，以取得良好的效果。

（4）组植设计

由两三株或一二十株同种类的树木组配成一个景观的种植方式称组植，也可用几个丛植组成组植。组植的变化可从树木的形状、质地、色调上综合考虑。

（5）群植设计

二三十株或数百株的乔木、灌木成群种植的方式称为群植，形成的群体称为树群。树群的表现主要为群体美，应布置在有足够距离的开阔场地上，如大草坪上、水中的小岛屿上、小山坡上等。

（6）植篱设计

植篱指由同一种树木（多为灌木）近距离密集列植成篱状的树木景观，常用作空间分隔、屏障或植物图案造景。植篱造型设计一般有几何型、建筑型和自然型三种。植篱设计形式有以下几种（表2-3-4）。

表2-3-4　植篱设计形式

分类序号	设计形式	设计形式的内容
1	矮篱	设计高度在50厘米以下的植篱称为矮篱，可分隔绿地空间和装饰环境
2	中篱	设计高度在50厘米～120厘米的植篱称为中篱。中篱有一定高度，一般人不能轻易跨越，故具有一定的空间分隔作用
3	高篱	设计高度在120厘米～150厘米的植篱称为高篱，因高度较高，常被用来分隔景观绿地空间，或用作背景。因高度未超过人的视平线，故仍然能使各个景观空间保持联系
4	树篱	设计高度在150厘米以上的植篱称为树篱，多采用大灌木或小乔木，并多为常绿树种。因高度超过一般人的视线高度，故常用来进行空间分隔，或用作背景和屏障
5	常绿篱	采用常绿树种设计的植篱，也称绿篱，它整齐素雅、造型简洁，是景观绿地中运用得最多的植篱形式
6	花篱	由花灌木组成的植篱称为花篱，其芬芳艳丽，常用作景观绿地的点缀
7	果篱	设计时采用能结出许多果实的观果树种和具有较高观赏价值的植篱，也称观果篱
8	刺篱	选用多刺植物配置而成的植篱称为刺篱
9	彩叶篱	选用彩叶树种配置而成的植篱称为彩叶篱，它色彩丰富、亮丽，具有很好的美化装饰功能
10	蔓篱	先设计一定形式的篱架，然后让藤蔓植物攀缘其上，形成绿色篱体景观，这被称为蔓篱，其常用作围护，或创造特色景观
11	编篱	将绿篱植物枝条编织成网格状的植篱称为绿篱，它可以增强植篱的牢固性和边界防范性，避免人或动物穿越

（7）花卉造景设计

花卉造景设计是景观艺术表现的必要手段，它在丰富城市景观的造型和色彩方面扮演着重要角色。花卉造景设计形式有花坛设计、花台设计、花镜设计。

①花坛设计。花坛是城市景观中最常见的花卉造景形式，其表现形式很多，有作为局部空间构图的一个主景而独立设置于各种场地之中的独立花坛；有以多个花坛按一定的对称关系近距离组合而成的组合花坛；有设计宽度在1米以上的长条形的带状花坛；有由以上几种花坛组成的具有节奏感的连续花坛。

②花台设计。花台是一种花卉造景方式，其特点是会在一个较高的空心台座式植床（通常在40厘米～100厘米之间）中填充土壤或人工基质，通过种植草花来形成景观。花台与花坛相比，具有占地少、成本低、管理方便等优点，深受广大市民喜爱。正因为花台的面积通常不大，因此非常适合近距离的观赏，能够展示花卉的颜色、香气、形状及花台的整体造型之美。花台存在两种不同的设计方式，一种是规则型花台，这种花台的种植台座的外形可以是规则的几何形状，如圆柱、棱柱、瓶状或碗状等；其设计可以是一个花台，也可以是由多个台座组合而成的组合花台，其中规则型花台是比较常见的一种花台形式。另一种是自然型花台，其台座设计呈现出不规则的自然形态，主要由自然山石堆砌而成。花台设计因其灵活多变、高低错落和变化丰富的特点，有助于实现自然风景与人造风景的和谐统一。

③花境设计。花境是介于规则式与自然式之间的一种花卉造景形式，也是以花草和木本植物为主，沿绿地边界和路缘等地段设计布置的一种植物景观类型。花境设计既要体现花卉植物自然组合的群体美，也要注意表现植株个体的自然美，因此，设计师不仅要选择观赏价值较高的植物种类，也要注意植物相互的搭配关系，如高低、大小、色彩等（图2-3-6）。

图2-3-6　花境设计

第四节　水景设计

一、水景的分类

（一）静态水景

静态水景是指那些水面运动相对平稳，且水面几乎保持静止状态的景色。由于水景所在的地平面通常不会有明显的高度差异，这使得其能够产生镜面般的视觉效果，并产生丰富的倒影。这些倒影不仅富有诗意，还容易使游人有一种轻盈和幻想的视觉体验。静态水景被广泛用于园林景观设计中。除了自然形成的湖泊、江河和池塘，人造水池也是静态水景的主要展现形式。

水体的形态既包括西方景观中的规整几何形状，也包括中国古典园林中的不规则自然形态；池岸可以分为土岸、石岸和混凝土岸等几种。由于不同时期造园思想的影响和人们审美观念的差异，水池与其他水景形式有着明显的区别。在当代的园林景观设计中，水池经常与喷泉、花坛和雕塑等景观元素相结合，同时也可以放入观赏性的鱼类，并搭配，如莎草、水生鸢尾和海芋这样的水生植物。

在现代小区景观中，水池常以游泳池的形式出现，池底铺以瓷砖或马赛克拼成图案，突出海洋主题，富有生机。

（二）动态水景

1. 喷泉

喷泉是指具有一定压力的水从喷头中喷出而形成的景观。喷泉通常由水池（旱喷泉无明水池）、管道系统、喷头、动力（泵）等部分组成，如果是灯光喷泉还需有照明设备，音乐喷泉还需要音响设备等。喷泉的水姿多种多样，有球形、蘑菇形、冠形、喇叭花形、喷雾形等。喷泉高度也有很大的差别，有的喷泉喷水高度达数十米，有的高度只有几厘米。在公园景观中，喷泉常与雕塑、花坛结合布置，能提高空间的艺术效果和趣味。

喷泉作为一种景观艺术形式，可以使园林景观更具艺术性和观赏性。在现代的水体景观设计中，喷泉是园林景观的装饰之一。喷泉不仅在艺术设计方面具有重要价值，还在城市环境中起到多重作用，它不仅有助于湿润周围空气和清除灰尘，还能喷出微小水珠与空气分子发生碰撞，生成大量对人体有益的负氧离子。另外，喷泉喷出的水花还可以形成美丽的图案和景观效果。随着城市环境逐渐现代化，喷泉技术也得到越来越多人的青睐，喷泉的设计和样式也在不断地创新和发展。以下将介绍最常见几种喷泉。

（1）水池喷泉

水池喷泉是最常见的喷泉类型，除了必要的喷泉装置外，设计水池喷泉还经常需要考虑灯光和音乐的设计。水池喷泉停喷时，就是一个静态水池。

（2）旱地喷泉

旱地喷泉的喷头被巧妙地隐藏在地下，设计的初衷是为了吸引公众的参与，它们经常出现在广场、游乐场和住宅小区中。旱地喷泉富于生活气息，但缺点是水质容易被污染。

（3）浅水喷泉

浅水喷泉的喷头藏于山石、盆栽之间，可以把喷水的全范围做成一个浅水池，也可以仅在射流落点之处设几个水钵。

（4）盆景喷泉

盆景喷泉的主要用作家庭、公共场所的摆设，这种小喷泉能更多地表现高科技成果，如喷射形成雾状的艺术效果。

（5）自然喷泉

自然喷泉的喷头置于自然水体中，如济南大明湖、南京莫愁湖等，这种喷泉的喷水高度有几十米。

一般情况下，喷泉的位置多在广场的轴线焦点或端点处，喷泉的主题形式要与周围环境相协调。适合互动和有管理条件的地方，可使用旱地喷泉；只适于观赏的地方要采用水池喷泉；在自然式景观中，喷泉与山石、植物的组合时，可采用浅池喷泉。

2. 瀑布

这里所说的瀑布，实际上是模拟自然景观的人工瀑布，它是大量水流从假山的悬崖流下而形成的壮观景色，它以水流冲击山石或岩石为主要表现形式，具有壮观、壮丽的特点。瀑布一般是由五个主要部分构成的，分别是上游（作为水源）、水流口、瀑布主体、瀑布潭水及下游（作为出水口）。瀑布经常在自然景观中出现，根据其不同的跌落方式，它们可以被分类为丝带式瀑布、幕布式瀑布、阶梯式瀑布和滑落式瀑布等。

瀑布的设计要遵循"以假乱真"的原则，整条瀑布的循环规模要与循环设备、过滤装置相匹配。瀑布是最能体现景观中水之源泉的办法，它可以演绎出从宁静到宏伟的不同气势，令观赏者心旷神怡。

3. 壁泉

壁泉指从墙壁或石壁处落下的水，壁泉的出水口一般做重点处理。

4. 叠水

严格地来说，叠水应该属于瀑布的范畴，但因其在现代景观中应用广泛，多用现代设计手法表现，体现了较强的人工性，故单独列为一类。

叠水是呈阶梯状连续落下的水体景观，有时也称跌水。叠水景观中水流层层重叠而下，形成壮观的水帘效果，加上因运动和撞击形成美妙的声响，令欣赏者叹为观止。叠水常用于广场、居住小区等景观空间，有时会与喷泉组合使用。叠水因地面造型不同而呈现出变化丰富的流水效果，常见的有阶梯状和组合式两种。

5. 溪涧

溪涧指景观绿地中自然曲折的水流。溪涧依地形地势而变化，且多与假山叠石、水池相结合。

二、水景设计的要点

设计师在设计水景时要注意以下几点。

第一，水景形式要与空间环境相适应，如音乐喷泉一般适用于广场等集会场所，喷泉不但能与广场融为一体，而且还能利用音乐、灯光的有机组合给人以视觉和听觉上美的享受；居住区更适合设计溪流环绕，以体现静谧悠然的氛围，给人以平缓、松弛的视觉享受，从而创造出宜人的生活休息空间。

第二，水景的表现风格，无论是自然式还是规则式，都应与整个景观规划相一致，有一个统一的构思。

第三，水景的设计应尽量利用地表径流或采用循环装置，以便节约能源和水资源，重复使用。

第四，要明确水景的功能，是为观赏还是为嬉水，或是为水生植物和动物提供生存环境。如果是嬉水型的水景就要考虑安全问题，水不宜太深，以免造成危险，水深的地方则必须设计相应的防护措施；如果是为水生植物和动物提供生存环境的水景，则需要安装过滤、供氧器等设备来保证水质。

第五，水景设计可以结合照明，特别是动态水景，融合照明后的水景往往效果会更好。

第五节　景观小品设计

小品最初是指简短的散文或其他简短的艺术表达方式，其显著特点是短小而精致。将小品的概念融入景观艺术设计中，就形成了景观小品的定义。景观小品通常指的是那些体积紧凑、功能简捷、设计独特、富有趣味性和内容丰富的精致建筑物，如轻巧而典雅的小亭、舒适而有趣的座椅、简约而新颖的指示牌、方便而灵巧的园灯以及溪涧上自然而富有情趣的汀步等。景观小品是由设计师通过艺术的构思、设计建造而成的景观设施。这些设施不仅在功能上有所要求，还在造型和空间组合上追求美感。作为景观素材的一部分，景观小品在景观环境中具有很高的观赏价值和艺术个性。

一、建筑小品

建筑小品是指在环境中具有建筑特色的景观小品，它包括亭子、廊、水榭、景墙与景门、花架、山石、汀步、步石等。

（一）亭子

亭子是一种供人们休憩和欣赏风景的小型建筑，通常由台基、柱体和屋顶几个部分组成，具有四面通透、精致轻便的特点，一般都位于山顶、树荫、花丛、水边、岛屿和游园道路的两侧。亭子拥有精致优雅、多姿多彩的外观，当与其他景观元素相融合时，就形成了一系列美丽而生动的风景画。在当代的景观设计中，根据亭子所用的建筑材料的差异，可以将其分为木质亭子、石质亭子、砖制亭子、茅草亭、竹质亭子、混凝土制成的亭子及铜质的亭子等；根据其风格和形式的差异，可以将其分类为仿古式与现代式。

1. 仿古式

仿古式指模仿中国古典园林和西方古典园林中亭子的造型而设计的亭子样式。中式风格的亭子常用于自然式景观中（图 2-5-1），西式风格的亭子、阿拉伯风格亭子等常用于规则式景观中（图 2-5-2）。

图 2-5-1 中式亭子

图 2-5-2 阿拉伯风格建筑亭子

亭子在中国园林景观中是主要的点景之物，点景，即点缀风景；它是运用最多的一种建筑形式，按平面形式可分为正三角形亭、正方亭、长方亭、正六角亭、正八角亭、圆亭、扇形亭、组合亭等。亭子的功能是观景，即供游人驻足休息，眺望景色。因此，亭子的选址归纳起来有山上建亭、临水建亭、平地建亭三种。

在西方，亭子的概念与中国大同小异，是一种在花园或游乐场上简单而开敞、带有屋顶的永久性小建筑。西方古典园林中的亭子沿袭了古希腊、古罗马的建筑传统，平面多为圆形、多角形、多瓣形；立面的基座、亭身和檐部按古典柱式做法设计；屋顶多为穹顶，也有锥形顶或平顶。西方古典园林中的亭子采用的是砖石结构体系，造型敦实、厚重，体量也较大。在现代小区景观设计中，经常有模仿西方古典亭子的做法，只是亭子材料换成了混凝土。

2. 现代式

在当代的景观设计中，亭子的外观融入了更丰富的现代设计元素，再加上不断涌现的建筑装饰材料，使得亭子的形态变得丰富多样。

如今，亭子的设计更着重于创造，用新材料、新技术来表现古典亭子的意象是当今用得更多的一种设计方法，如用卡普隆阳光板和玻璃替代传统的瓦，亭子采用悬索或拉张膜结构等。

亭子具有多样的展示方式和广泛的应用场景，因此，设计师在设计阶段需要特别关注几个关键因素。首先，在规划亭子的位置时，设计师必须遵循景观规划的总体思路，确保部分区域与整体保持一致。其次，在选择亭子的体积和形状时，必须确保它们与其周边环境保持和谐，如在较小的环境中，亭子的尺寸不应过大；当周边环境显得单调时，亭子的设计可能会变得更为复杂；而如果周边环境比较丰富，那么亭子应该设计得更为简约。最后，亭子材料的选择提倡就地取材，不仅加工便利，还易于配合自然。

（二）廊

在自然景观设计中，廊是指位于屋檐之下的走廊或具有独立顶部的通道，它是一种连接各种景观空间的建筑。从设计角度来看，廊由三个主要部分构成：基础、柱体和屋顶，它们通常都是通透和轻巧的。与亭子相比，廊的宽度更窄，高度也更矮，属于纵向的景观空间，在景观布局上呈现出"线"状，而亭子则呈现出"点"状。廊的种类繁多，根据它们的平面设计，可以被分为直廊、曲廊和回廊；根据其内部的空间布局，可以将其分为双面廊、单面廊、复廊、暖廊及单支柱廊等不同类型。廊作为城市中一种独特的建筑形态，有着它特有的文化内涵及美学意义。廊在城市空间中分布广泛，是一种常见而又特殊的建筑小品，也是构成城市公共环境不可或缺的一部分。城市中的廊通常有平廊、水廊和山廊。

1. 平廊

在地势平坦的公共景观园里，廊通常是沿着墙壁或与建筑物相连，采用"占边"的方式进行布置的。这里提到的廊就是平廊。

2. 水廊

水廊是在水边或水上建造的廊。位于水边的廊，廊基一般紧贴水面，造成临水之势。在水岸曲折自然的情况下，廊大多沿水边呈自由式格局，顺自然之势与环境相融合。凌驾于水面之上的廊，廊基实际就是桥，所以也叫桥廊。桥廊的底板会尽可能的贴近水面，使人宛若置身于水中，加上桥廊横跨水面形成的倒影，别具韵味。

3. 山廊

在公园和风景区内，经常可以看到山坡或高地，为了方便人们爬山休息和欣赏风景，或者为了连接不同高度差的山坡景观，人们经常在山路上设立爬山廊。山廊依山势变化而上，有斜坡式和阶梯式两种。

（三）水榭

水榭是供游人休息、观赏风景的临水建筑小品。在中国古典园林中，水榭的基本形式为，在水边架起一个平台，平台一半伸入水中，一半架在岸上；平台四周围绕着低矮的栏杆，设"美人靠"供游人观景；平台上建起一个木构的单体建筑，建筑平面通常为长方形，其临水一面开敞通透。在现代公共景观中，水榭仍保留着传统的功能和特征，是极富景观特色的建筑小品。受现代设计思潮的影响，以及新材料、新技术、新结构的应用，水榭的造型形式有了很大变化，更为丰富多样。

（四）景墙与景门

1. 景墙

景墙在庭院景观中一般指围墙和照壁，它起到了分隔空间、衬托和遮蔽景物的作用，还有丰富景观空间层次、引导游览路线等功能，是景观空间构图的重要手段。

景墙按墙垣分有平墙、梯形墙（沿山坡向上）、波浪墙（云墙）；按材料和构造不同可分为白粉墙、磨砖墙、版筑墙、乱石墙、清水墙等。

不同造型、质地和色彩的墙体会产生截然不同的造景效果。其一，白粉墙是中国园林使用最多的一种景墙，它朴实典雅，同青砖、青瓦的檐头装修相配，显得特别清爽、明快；在白粉墙前放置山石花木，犹如在白纸上绘出山水花卉，韵味十足。其二，现代清水墙砌工整齐，加上有机涂料的表面涂抹，使得墙面平整、砖缝细密、质朴自然。

景墙的设置多与地形相结合，平坦的地形多建成平墙，坡地或山地则就势建成梯形墙。为了避免单调，有的景观会建造波浪形的云墙。

2. 景门

中国园林的景墙常设景门。景门形式的选择，首先要从寓意出发，同时要考虑到建筑的式样、山石及环境绿化的配置等因素，保证形式和谐统一。

（1）门洞

门洞的作用除了交通和通风处，还具有使两个相互分隔的空间取得联系的作用，同时自身又是景观中的装饰亮点。门洞是创造景园框景的一个重要手段，门洞就是景框，从不同的视景空间、视景角度，可以获得不同的生动优美的风景画面。门洞的形式大体上可分成三类（表2-5-1）。

表2-5-1　门洞的形式

分类序号	分类依据	特点及代表类型
1	曲线型	门洞的边框线为曲线，这是我国古典园林中常见的形式。常见的有圈门、月门、汉瓶门、葫芦门、海棠门、剑环门、如意门、贝叶门等
2	直线型	门洞的边框线为直线，如方门、六方门、八方门、长八方门、执圭门，以及其他模式化的多边形门洞等
3	混合型	门洞的边框线有直线也有曲线，通常以直线为主，在转折部位加入曲线进行连接，或将某些直线变成曲线

（2）窗洞

窗洞也具有框景和取景的功能，能使分隔的空间取得联系。与门洞相比，窗洞没有交通功能的限制，所以在形式上更加丰富多样，能创造出优美多姿的景观画面。常见的窗洞形式有月窗、椭圆窗、方窗、瓶窗、海棠窗、扇窗、如意窗等。

（3）花窗

花窗是景观中的重要装饰小品，它与窗洞不同，窗洞的主要作用是框景，除了一定形状外，窗洞自身没有景象内容；而花窗自身有景，花窗玲珑剔透，窗外风景亦隐约可见，增强了庭院景观的含蓄效果和空间的深邃感。在阳光的照射下，花窗的花格与镂空的部分会产生强烈的明与暗、黑与白的对比关系，使花格图案更加醒目、立体。现代花窗多以砖瓦、金属、预制钢筋混凝土砌制，图案丰富、形式灵活。花窗大体上可分为三类，即几何花窗、主题花窗（花卉、鸟兽、山水等图案）、博古架花窗。

（五）花架

花架是一种用于支撑藤蔓植物的棚架式建筑小品，人们可以利用它来遮挡阳光和避暑。

1. 花架的形式

花架的造型形式灵活多变，概括起来有梁架式花架、墙柱式花架、单排式花架、单柱式花架和圆形花架几种。

（1）梁架式花架

梁架式花架是景观中最常见的花架形式，一般有两排列柱，通常为直线、折线或曲线布局，也称廊架式花架。这种花架是先立柱，然后沿柱子排列的方向布置梁，在两排梁垂直于列柱的方向上架铺间距较小的枋，枋的两端向外挑出悬臂，人们熟悉的葡萄架就是这种形式的花架。花架下，沿列柱方向结合柱子，常设两排条形坐凳，供人休息、赏景。

（2）墙柱式花架

墙柱式花架是一种半边为墙，半边为列柱的花架形式，列柱沿墙的方向平行布置，柱上架梁，在墙顶和梁上再叠架小枋。这种形式的花架在划分封闭和开敞空间上更为自由，造景趣味性类似半边廊。花架的侧墙一般不做成实体，常开设窗洞、花窗或隔断，使空间隔而不断、相互渗透，意境更为含蓄。

（3）单排式花架

只有一排柱子的花架称为单排式花架，这类花架的柱顶只有一排梁，梁上架设比梁短小的枋，枋左右伸出，呈悬臂状。一般枋的左右两侧伸出长短不一，较长的悬臂一侧朝向主要景观空间。

单排柱花架仍保留着廊的造景特点，它们在组织空间和疏导人流方面具有相同的作用，但单排式花架在造型上却要轻盈自由得多。

（4）单柱式花架

只有一根柱子的花架称为单柱式花架，它很像一把伞的骨架。单柱式花架通常为圆形顶，柱子顶部没有梁，而是直接架设交叉放射状连体枋，枋上也可设环状连接件，把放射状布置的枋连接成网格状。在花架下面，通常围绕柱子设计环状坐凳，供人休憩。单柱式花架体量较小、布置灵活，由于枋从中心向外放射，花架整体造型轻盈舒展，别具风韵。

（5）圆形花架

圆形花架是由五根以上柱子围合成圆形的花架形式。圆形花架很像一座圆亭，只不过顶部是空透的网格状或放射状结构，并由攀缘植物的叶覆盖。花架的柱子顶部有圈梁，圈梁上按圆心放射状布置小枋，小枋通常外侧悬挑，整个顶部造型如花环般优美。圆形花架较单柱式花架私密性强，花架内常点状布置坐凳，或沿柱子环形布置条凳。

2. 花架的类型

花架按使用的材料与构造不同，可分为钢筋混凝土花架、竹木花架、砖石花架、钢花架。

（1）钢筋混凝土花架

钢筋混凝土花架是现代景观中使用最多的一种花架类型，由钢筋、水泥、砂石等材料建造。建造时通常先预制构件（柱、梁、枋等），然后进行现场安装。这种花架坚固持久、施工简单，无需经常维护，多为明亮的色彩，效果醒目。

（2）竹木花架

竹木花架是由竹、木材料以传统的梁柱方式建造的花架，这种花架自然、淳朴，易与花木取得协调统一，但缺点是易受风雨侵蚀，因此需经常维护。

（3）砖石花架

砖石花架是以砖或石块砌筑柱身，在柱上设水泥梁柱的花架，这种花架的砖柱或石柱往往不加粉饰，能够形成一种淳朴的自然美，如柱身用红砖砌筑，加上整齐的灰白色水泥砌缝。不但富于韵律美，而且配以绿叶藤蔓，具有一种质朴、怀旧的风格。

（4）钢花架

钢花架是由多种型钢材质构建而成的花架结构。钢花架具有很强的现代风格，其结构更加轻便和耐用，但由于造价偏高，需要定期进行维护，以防止生锈（不锈钢除外），这种结构在一些高端住宅区的景观中比较常见。

3. 花架的设计要点

（1）亭式花架和廊式花架的空间布局

亭式花架经常被视为景观空间的核心，因此，它们经常被放置在视觉焦点处或整体布局的中央。廊式花架可以是直线、折线或者曲线形状，并且可以进行高低错落的调整。这种类型的花架经常被放置在景观绿化的外围，用于划分不同的景观区域，当它位于绿色空地的边缘时，应该有较高的树木作为背景，这样可以更好地突出花架的形状和颜色。

（2）花架的设计要与其他小品相结合

花架的内部设计了供人休憩和欣赏风景的坐凳，而其外部则规划了如叠石、小池和花坛等吸引游客的小景观。花架与墙体之间可采用插柱连接，或通过螺栓将花架固定在墙上。墙柱式花架的墙壁需要设计窗洞或花窗，以增加墙面的多样性。

（3）花架柱与枋的设计

在处理各种花架设计时，柱与枋的造型显得尤为关键。无论是钢筋混凝土花架还是砖石花架，它们的柱子主要是方形的；钢花架上的支柱主要是圆形设计；竹木制成的花架柱子有两种常见的形态。在当代的景观设计中，花架的梁枋主要是由混凝土预制而成，但在其形态和断面尺寸上，仍然维持了木材的独特设计，为扁平的长条状，而断面则是矩形的。枋头一般处理成逐渐收缩后形成的悬臂梁的式样，显得简洁、轻巧。如果枋较小时，不做变化处理，直接水平伸出，会显得简洁大方。钢花架的梁柱除了型钢枋外，有时也用木质枋搭配，来丰富花架造型。

（4）花架植物的种植

花架的设计需要植物的衬托作用，因此在规划时应预留出适合攀缘植物向上爬的空间。亭式花架经常在圆形的坐凳和柱子之间预留空间，以方便种植攀缘植物；如果廊式花架的基座外部是坚硬的地面，那么应该预留一个种植池或花台，这样可以方便种植攀缘植物。

（六）山石

1. 假山

假山是指用许多小块的山石堆叠而成的具有自然山形的景观建筑小品。假山的设计源于我国传统园林景观，叠山置石是中国传统造园手法的精华所在，堪称世界造景一绝。在现代景观中，人们常把假山作为人工瀑布的承载基体。

现代景观中常见的假山多以石为主，常用石有太湖石、黄石、青石、卵石、剑石、砂片石和吸水石。中国传统的选石标准是透、漏、瘦、皱、丑，而如今的选石范围则宽泛了许多，即遍山可取，是石堪堆，根据现代叠山审美标准广开石路，各创特色。

在设计假山时，首先，要确保山石的选择与整体的地形和地貌是和谐的。应避免将多种类型的山石混合使用，以确保其质地、颜色、纹理、形状和姿态能够保持一致。另外，不宜采用单一类型或某一种山石材料，应根据不同环境选择使用，以达到虽由人作，宛自天开的效果。其次，在塑造山石的形态时，人们强调其自然和简朴的特点。在整体设计过程中，设计师既要遵循自然的法则，同时也要确保其具有艺术价值，使其既源于自然又超越自然。

2. 置石小品

置石小品指的是在景观中，一块或几块山石被轻微堆叠或不堆叠分散布置，进而形成的山石景观。置石小品在我国古代园林景观设计中应用广泛（图 2-5-3）。尽管置石小品并未呈现出山的完全形状，但它作为山的标志，经常被用作景观绿地的装饰，或被当作增添景观、辅助景观及作为局部空间的主要景观，旨在为环境增添色彩并丰富景观空间的深度。置石小品在园林造园中有着广泛的应用和发展历史。依据放置山石的不同方法，可以将其分类为独置山石、聚置山石及散置山石。独置山石指的是将一块具有较高观赏价值的山石独立地布置成景观，这些独石主要是太湖石，通常被放置在局部空间的构图中心或者视线的焦点位置。聚置山石是一种将多块山石稍微堆叠或近距离组合而成的艺术景观，通常会被放置在庭院的角落、路旁、草地或水边等地方，它既可以作为点缀园林环境的小品，又可用于建筑物前和假山上。在组合石块时，应确保石块的大小各异，其分布应既有规律又有高低之分，避免采用对称或排列式的布局方式。散置山石是指在一个较大的区域内，使用不同大小和形状的山石进行分散布置，这样做是为了展现连绵的山脉之美，这种设计经常出现在山坡、道路旁边或草地上。

图 2-5-3　留园内的置石小品

（七）汀步

汀步是置于水中的步石，也称跳桥，它的功能是让人跷步行走、通过水面，同时也能起到分隔水面、丰富水面景观内容的作用。汀步活泼自然、富有情趣，常用于浅水河滩、平静水池、山林溪涧等地段，宽阔而较深的湖面上不宜设置汀步。

汀步的制作材料通常是天然石材，或者是预制的混凝土、现场浇筑的混凝土。汀步是一种富有变化而又简洁明快的水景景观。在最近的几年中，许多创新的园林景观设计都是用汀步来装饰水面的，富有特色的造景手法，深受人们欢迎。汀步有两种不同的布局方式：规则式和自由式，其中常见的有自然块石汀步、整形条石汀步、自由式几何形汀步、荷叶汀步和原木汀步等。这些都是利用地形起伏形成汀步线来构成图案或装饰环境。汀步除可在平面形状上变化外，在高差上亦可变化，如荷叶汀步片片浮于水面上，造型大小不一，高低错落有致。汀步的设计有如下要点，首先，汀步的石面应平整、坚硬、耐磨；基础应坚实、平稳，不能摇摇晃晃。其次，石块不宜过小，一般面积在 40 厘米 × 40 厘米以上；石块间距不宜过大，通常在 15 厘米左右；石面应高出水面 6 厘米～10 厘米；石块的长边应与汀步前进方向垂直，以便产生稳定感。最后，水面较宽时，汀步的设置应曲折有变化；因为要考虑两人相对而行的情况，所以汀步应错开并增加石块数量，或增大石块面积。

（八）步石

步石指的是那些被放置在风景优美的绿地上，供人们观赏和行走的石头。步石不仅是一处精致的景观，同时也是一条与众不同的园路，它展现了景观轻松、活跃和自然的特点，它被广泛应用于园林建设之中。根据所用材料的差异，步石可以被分类为天然石材步石和混凝土块步石。按照石块形状不同，步石分为规则形步石和自然形步石（图2-5-4）。

图2-5-4　步石

步石的设计有如下要点，首先，步石的布局应与绿地的形状相适应，可以是弯曲的，也可以是直线的，或者是错落有致的，并且应具有一定的方向性。其次，石头的数量可以多也可以少，少的可以是一块，多的可以是数十块，具体的数量取决于空间的大小和景观的特色。然后，石头的表面应该是比较平滑的，或者中央稍微凸起，因为如果出现凹陷，可能会导致积水，从而影响行走和安全。最后，石头之间的距离应当满足一般人的步行距离标准，一般不应超过60厘米；步石的位置不应过高，通常应该比草坪的地面高6厘米～7厘米，太高可能会影响游人行走的安全性。

二、设施小品

设施小品指的是那些为大众提供休闲娱乐和便捷服务的功能性景观小品。随着我国城市化进程的加快，城市基础设施也越来越完善，许多新建小区都配备了一定数量的设施小品。这些设施小品虽然没有像建筑小品那样庞大的体积和清晰的视觉效果，但它们能为游人提供多方面的便利，是游人参观和欣赏风景时不可或缺的设施。

随着科技进步，设施小品的建设材料选择范围也逐渐扩大，包括不锈钢、铝塑板、彩塑钢、彩色塑料、大理石、花岗岩和各类贴面砖等，这为景观设计师提供了更多的创作空间。设施小品展示了多种不同的景观风格，包括自然、高雅、现代等，它以其鲜明的色调、独特的设计和强烈的视觉吸引力为景观增添魅力，起到了画龙点睛的作用，并逐渐成了一个日益重要的视觉景观元素。

设施小品主要可以划分为两大种类：一是休闲娱乐设施小品，二是服务设施小品。休闲娱乐设施小品又可分为室外的和室内的两类，前者涵盖了桌子、椅子、凳子及儿童的娱乐设备等；后者包括休息座椅、遮阳篷、照明灯具、防雨罩、栏杆、园灯、电话亭、垃圾箱、导向标志、宣传板和邮筒等设施。在现代社会，人们的物质生活水平日益提高，对文化需求也越来越高，因此，设施小品已成为城市文明建设中不可缺少的重要内容之一。

首先是桌子、椅子、凳子。在公共景观设计中，经常会有桌子、椅子和凳子供人们休憩和娱乐，同时，它们也能作为风景的点缀。当在景观绿地的外围放置设计独特的椅子和凳子时，整个空间会显得更加生动和温馨；在森林里巧妙地放置一组树桩形状的桌椅，或者放置一组自然形成的石桌凳，都能让人立刻感受到森林中的生命活力和宁静的氛围；在浓密的大树荫蔽之下，摆放两组石制的桌椅，可以将原本无序的自然空间转变为富有意境的景观空间。

在景观设计中，桌子、椅子和凳子通常位于具有独特特色的区域，如湖边、池边、河岸、岩石旁边、洞口、森林边缘、花园、台前、草地边缘、步道两侧和广场中心。此外，一些零散的空地上也可以放置几组椅子进行装饰。

桌子与椅凳的类型很多，根据材料不同可分为木制椅凳、石制椅凳、陶瓷制椅凳、混凝土预制椅凳；根据造型特点不同可分为条形椅凳、环形或弧形椅凳、树桩形桌凳、仿古或天然石桌石凳等。此外，还可结合景观中的花台、花坛、矮护栏、矮墙等做成各种各样的坐凳。

桌子与椅凳的造型、材质的选择要与周围环境相协调，如在中式亭子内摆一组陶瓷桌凳，古色古香；大树浓荫下放置一组树桩形桌凳，自然古朴；城市广场中几何形绿地旁的座椅则要设计得精巧细腻、现代前卫。桌子和椅凳的设计尺度要适宜，其高度应以大众的使用方便为准则，如凳高45厘米左右，桌高70厘米～80厘米，儿童活动场所的桌椅凳尺度应符合儿童身高要求。

其次是园灯。园灯是一种在景观设计中起到照明作用的小型设备。在夜晚，园灯不仅为人们的休闲和娱乐活动提供了必要的照明，还有助于美化夜间的自然景观，使游人感受到与白天在自然光照下截然不同的视觉体验，从而进一步增强景观的观赏价值。在白天，园灯能够为环境增添魅力，其独特的设计经常成为人们的视觉焦点。园灯造型多样，高矮不一，按使用功能的不同大致可分为三类。（1）引导性园灯。引导性园灯可让人们按照灯光的指引游览景观，它纯属引导性的照明用灯，常设置于道路两侧或草坪边缘等地，有些灯具可埋入地下，因此也常设于道路中央。引导性园灯的布置要注意灯具与灯具之间的呼应关系，以便形成连续的灯带，创造出一种韵律美。（2）大面积照明灯。大面积照明灯用于某一大环境的夜间照明，起到勾画景观轮廓、丰富夜间景色的作用，人们可以借助灯光可以欣赏到不同于白天的景色。此类园灯常设置于广场、花坛、水池、草坪等处。（3）特色照明灯具。特色照明灯具用于装饰照明，这类园灯不要求有很高的亮度，而在于创造某种特定的气氛、点缀景观环境，如我国传统园林中的石灯等。

在实际运用中，每类园灯的功能不是单一的，它可能兼顾很多用途；而且在设计中，根据具体情况可使用多种类型的照明方式。园灯造型、尺度的选择要根据环境情况而定，总的来说，园灯作为室外灯，多作远距离观赏，因此灯具的造型宜简洁质朴，避免过于纤细或过多繁琐的装饰。在某些灯光场景设计中，往往将园灯隐藏，只欣赏其灯光效果，为的是让园灯产生一种令人意想不到的新奇感。

三、雕塑小品

雕塑艺术是基于各种不同的主题和内容来雕刻和塑造立体形象的艺术，它们主要可以分为圆雕和浮雕这两大种类。雕塑作品主要有空间形式与时间内涵两方面。在园林景观里，雕塑小品主要采用圆雕形式，这是一种多角度观赏的立体艺术形态。浮雕艺术是一种在特定材料或建筑平面上雕刻事物立体形态的艺术技巧，这种艺术技巧在现代一些高端住宅小区的墙壁上得到了广泛应用。

雕塑作为一种富有感染力的艺术形式，虽然起源于人们的日常生活，但它为人们带来了比生活更丰富的审美体验和乐趣，能够为人们的心灵增添美感并熏陶他们的情感。因此，在现代景观设计中，雕塑已成为重要元素之一，并以其独特而丰富的形式与内涵，使城市环境更加美丽宜人。无论古代还是现代，无论是东方还是西方，杰出的风景都与雕塑艺术进行了完美结合。在我国的古代园林设计中，石龟、铜牛和铜鹤的搭配，都展现出了极高的审美价值；西方的古典风景与雕塑艺术紧密相连，尽管其布局显得庄重且严格，但雕塑也为其营造了浓烈的艺术氛围。在现代的景观艺术中，雕塑的展现方式更为多样，既可以是自然的，也可以是抽象的，既可以是严肃的，也可以是浪漫的，而且其展现的主题也更为丰富。

雕塑按材料的不同，可分为石雕、木雕、混凝土雕塑、金属雕塑、玻璃钢雕塑等。不同材料具有不同的质感和造型效果，如石雕、木雕、混凝土雕塑朴实、素雅；金属雕塑色泽明快而且造型精巧，富有现代感。雕塑按表现题材内容的不同，可分为人物雕塑、动物雕塑、植物雕塑、山石雕塑、几何体雕塑、抽象形体雕塑、历史神话传说故事雕塑和特殊环境下的冰雪雕塑。人物雕塑一般是以纪念性人物和情趣性人物为题材，如科学家、艺术家、思想家或普通人的生活造型；动物雕塑多选择象征吉祥或被人们喜爱的动物形象，如大象、鹿、羊、天鹅、鹤、鲤鱼等；植物雕塑有树桩、树木枝干、仙人掌、蘑菇等；抽象形体雕塑寓意较多；几何体雕塑以其简洁抽象的形体给人以美的艺术享受。

雕塑小品的设计有以下几个要点。

第一，雕塑小品的题材应与景观的空间环境相协调，让自己成为景观的一个有机组成部分，如草坪上可设置大象、鹿等动物雕塑；水中可使用天鹅、鹤、鱼等动物雕塑；广场和道路休息绿地可选用人物、几何体、抽象形体雕塑。

第二，雕塑小品的存在有其特定的空间环境、特定的观赏角度和方位。因此，在确定雕塑的位置、尺寸、色调、形状和触感时，设计师必须从一个宏观的角度出发，全面研究各个方面的背景关系，而不是仅仅从雕塑自身的角度进行研究。雕塑小品与建筑一样，应考虑到人在其中活动的心理感受。例如，雕塑的尺寸和高度应根据建筑学的垂直和水平视角的舒适度进行细致的考量，在进行其造型设计时，还需要深入研究其方位，以及太阳在一天之内的起落和光线的变化。

第三，雕塑基座的设计应由雕塑的主题和其所处的环境决定，可以是高的也可以是低的，甚至可以直接放置在草地或水域中。在现代城市景观设计中，环境的人性化和亲和力被高度重视。因此，雕塑设计也应该采用更接近人的高度，使雕塑与人处于同一高度水平，从而实现可观赏、可触摸、可游戏的效果，增强人们的参与感。

第三章　园林景观设计原理与基础

本章为园林景观设计原理与基础，是未来的园林景观设计师必学的基本理论，它将直接影响园林景观设计师的设计水平。本章分别介绍了三方面的内容，依次是空间造型基础、空间的限定手法、设计步骤。

第一节　空间造型基础

现代园林的设计元素丰富多彩，样式各异。这些多种多样的设计元素从本质上看就是几何形状的简化、变化与组合，这意味着，人们感受到的景观效果，都是景观基于这些基本几何元素展现的。点、线、面、体是园林景观设计的基础，理解它们的特性是园林景观设计的关键。

一、点

点是最基本的设计单元，点可以形成线，而线又形成面，多个面又可以组合成体。一个点没有实际的长宽，但它可以确定空间中的一个位置，当人们只看到一个点时，注意力自然会集中在它上面。在空间设计中，点有着重要的意义，尤其当它位于中心位置时，会对人有明确的吸引力。当点不再位于中心时，它所在的空间会显得更有动感，为观者带来一种视觉上的冲击。

当人们在一个空间里看到多个点时，它们的排列和组合方式会给人们带来不同的视觉体验。例如，两个大小相同的点之间，人们很容易联想到它们之间有一条线；若是三到五个点，人们可能会想象它们是一个面；多个大小相同、规则排列的点，给人一种稳定、有序的感觉；而多个大小不同的点则给人一种动态、有深度的感觉。

在园林景观中，点的元素无处不在，它们可能是一个小雕塑、一个座位、一个水池或一个凉亭；甚至，一棵树也可以看作一个点（图 3-1-1）。因此，人们如何定义一个"点"完全取决于人们的观察位置和比例。对于设计师来说，巧妙地运用点是一种创新的手法，点不仅是一种简单的装饰元素，而且是园林景观设计的核心部分。

图 3-1-1　公园中的孤植树

二、线

线可以视为点的无尽延展，它拥有长度与方向。在实际的空间里，线其实并不存在，它仅是一个抽象概念，但当某个物体的长度显著大于其宽度时，人们会将其视为线。线的表达力十分强烈，不仅能描绘出事物的外轮廓和体积，还能为人们的视觉带来方向、动态与生命的感觉，这正是线传达神韵，线建立形态，线明确色彩的含义。

在园林景观设计中，线主要分为直线和曲线。直线是最基础的线条形式，它普遍存在于各种设计之中，为人们带来坚固、笔直和明确的视觉效果，粗犷的直线会展现稳定性，而细致的直线则更显锐利。直线在设计中有其特殊意义，它可以代表庄严或胜利，如英雄纪念碑或方尖碑；或用于定义开放空间，常见于公园里的花架和柱子。曲线则带有柔和、流畅和连续的特性，其多变的样式往往更能吸引人们的目光。中国的园林景观设计特别重视曲线的使用，展现了东方设计师独特的园艺风格和审美趣味，并体现了其模仿大自然的设计特点。几何曲线，如圆形和椭圆，给人一种有规律、均衡和轻盈的感觉；而螺旋曲线则充满节奏和动感；自由曲线，如波浪线或弧形，看起来更为自然、抒发情感和活跃（图3-1-2和图3-1-3）。

图 3-1-2　景观中直线的运用

图 3-1-3　景观中曲线的运用

　　线在景观中无处不在。无论是蛇一般弯曲的河道、纵横交错的道路，还是道旁的绿色篱笆带，它们都展现了线的魅力，只是各自的宽窄有所不同。在绿意盎然的空间中，线条的使用价值变得尤为显著，可以使得绿意更具图形感和艺术性，这种线条不仅能带给人们视觉上的愉悦，还蕴含着勃勃的生命之美。

三、面

　　面是由线移动形成的空间。相对于点与线，它占据了更大的区域，却只有很薄的厚度，因此，其呈现出一种轻巧的特性。

在园林景观中，面的种类繁多，其中几何形、有机形和不规则形最为常见。例如，简洁的方形、和谐的圆形、稳固的三角形等都是几何形面的代表；有机形的面更为灵动，往往通过特定的材料——塑料帐篷来实现；而不规则形面则更具自然和生活气息，像中国园林的不规则水池或是自然形成的村庄布局。

在景观设计中，像色彩、质感、空间感等元素都是通过面的表现而达到一定景观效果的。面为园林景观注入了丰富的情感，同时也成为吸引人们目光的焦点。面的作用可以归纳为以下三方面。

（一）遮蔽面

遮蔽面为景观提供了遮挡，可以是蔚蓝的天空、茂盛的树冠，也可以是亭子和廊道的顶棚。

（二）围绕面

围绕面从人们的视觉、心理上来看，具有分隔空间的作用，它既可以是实体的，如墙体或护栏；也可以是虚幻的，如通过排列柱子形成的间隔。此外，不同的地形起伏也能创造出围绕的感觉。

（三）基面

在园林设计中，基面可以是石子路、绿茵的草地、明镜般的水池，也可以是为景物提供稳定基座的平台。这种基础面为人们进行各种活动，如散步、放松、划船等，提供了支撑。

四、体

体是由连续的面构成的，它的特点不仅在于其外部轮廓，还在于它在不同的观察角度下会展现多种形态，它有深有浅，长短不一，可以是坚实的实物，如雕塑、建筑；也可以是空洞的空间，如亭台楼阁内的空间。

体的主要特征是形，体的种类有简洁的长方体、多变的多面体、曲折的曲线形态和自然的不规则形态。事物立体的特性包括了其大小比例、稳重感和空间维度。事物的每一个形态都蕴藏着独特的情感和信息：高大的宫殿或巨大的石柱给人以雄伟、庄重的感觉；而小巧的花瓶、精致的灯具则令人觉得亲切、和谐。

事实上，如果人们随意地调整这些形状的大小，就可以发现它们的含义和效果会发生改变，这也说明了形态尺度在设计中的重要性。在园林景观里，各种大小和形态的元素的相互辉映，可以营造出既壮观又温馨的环境。

在园林中，立体形态既可以是建筑物、雕塑，也可以是参天的大树、坚硬的岩石或是跃动的喷泉。这些元素的多样性为园林景观带来了无尽的可能和魅力。

第二节　空间的限定手法

园林景观设计是环境艺术的一种展现，它也被誉为空间的艺术，其核心目标是为人们创造出一个和谐、美观的放松空间。为了实现这一目标，园林景观设计师在园林景观设计过程中运用了一系列景观空间的构造和整合技巧。空间的定义和划分为这一目标提供了基石。这种空间的定义涉及利用各种造型技巧在给定空间内对景观进行优化，以塑造出各式各样的景观空间。

景观空间是人们在视觉范畴内可以观察到的区域，它由树木、植被、地势、建筑、岩石、水面和步道等元素组合而成。为了达到理想的景观效果，设计师通常会采用如围合、遮盖、高差变化、地面材质变化等策略。

一、围合

围合作为空间限定的重要手段，是空间景观的框架。在室内，人们可以看到由墙壁、地板和天花板所构成的封闭空间；而在户外，这种界限就变得更为开放和多变。在园林景观中，建筑、雕塑、植被都可以成为限定空间的工具。因为这些围合元素的组合方式各异，所以不同围合之内空间的形态也大相径庭。

人们对于空间的围合感受是评估空间特点的关键，这种围合感受可以从以下几方面来探讨。

（一）围合实体的封闭程度

单边围合与全方位围合带来的空间透视感是截然不同的。研究发现，当全方位围合的实体面积超过 50% 时，人们就能强烈地感受到空间的限定，而单边围合往往只给人带来了边缘的限定感，大多时候，它更多的是在暗示一种空间的划分。但在实际的设计应用中，设计师需根据实际情境和需求，选择最合适的围合策略。

（二）围合实体的高度

围合实体的高度对空间的封闭性都是以人类的身体尺寸为衡量标准的。

在 0.4 米的围合实体高度下，空间不具备强烈的封闭感，更像是一个被限定的地域，人们很容易跨越这个高度的围合。在实际设计中，此类高度的围合通常与座位相结合。

0.8 米的围合实体高度给空间带来了更多的限制，尤其是对于儿童。因此，儿童游乐区的围栏多将这个高度作为设计准则。

1.3 米的围合实体高度一般能掩盖成年人的大部分身体，这给人们带来了安全的感觉。如果有座位紧邻此类围合，坐下的人几乎完全隐藏在围墙后，空间的私密性显著提高。

当围合实体高度超过 1.9 米，人的视野会被完全阻隔，空间的封闭性明显增强，地域的定义也变得更为明确。

（三）围合实体高度和实体开口宽度的比值

实体高度和实体开口宽度的比值在很大程度上影响了空间的围合感。当实体高度与实体开口宽度的比值小于 1 时，空间犹如狭长的过道，围合感很强；当实体高度与实体开口宽度比值恰好为 1 时，空间围合感较前者弱；当实体高度与实体开口宽度的比值大于 1 时，空间围合感更弱，随着两者比值的增大，空间的封闭性也越来越差。

二、遮盖

当空间的四面都开放，而顶端则有一些遮挡元素，这种情况被称为遮盖，这就像在雨天撑伞一样，伞下形成的空间与外界截然不同。遮盖的结构有两种：一种是由上方悬挂下来的；另一种则是从下方支撑起的。

例如，宽敞的草坪上一棵茂盛的大树，其浓密的树冠形成了一个遮阴区域，人们可以聚集在树下交谈或游戏；一排轻巧的柱子上缠绕着藤蔓，它们的顶部围成一个凉亭，在这样的空间下，凉亭就成了一个宁静而惬意的休息地。

三、高差变化

利用地面高差变化来限定空间也是较常见的景观设计手法。地面高差变化可创造出上升空间或下沉空间，上升空间是指将水平基面局部抬高后被抬高的空间，此空间边缘可限定出局部小空间，从视觉上加强了该范围与周围空间的分离性。下沉空间与前者相反，是将水平基面的一部分下沉的空间，能明确出空间范围，这个范围的界限用下沉的垂直表面来限定。

上升空间具有突出、醒目的特点，容易成为视觉焦点，如舞台等，它与周围环境之间的视觉联系程度受抬高高度的影响。当提高的高度相对较低时，上层空间与原始空间高度统一；当高度稍微低于人的视线时，虽然视觉联系保持，但空间的连续性会被打破；当高度超过人的视线时，视觉与空间的连续性都会中断，形成两个不同的空间。

下沉空间具有内向性和保护性，如常见的下沉广场，会形成一个将街道的喧闹隔离开的独立空间。下沉空间就视线的连续性和空间的整体性而言，会随着下降高度的增加而减弱。当下降高度超过人的视线高度时，视线的连续性和空间的整体感完全被破坏，使小空间从大空间中完全独立出来。下沉空间可借助对比色彩、质感和形体要素的方式来表现更具目的性和个性的独立空间。

四、地面材质变化

地面材质的变化也可以限定空间，其限定程度相对于前面几种方式来说要弱些，它形成的是虚拟空间，但这种方式运用较为广泛。

地面材质可分为硬和软。硬地面包括各种铺设材料，而软地面则指的是草地。例如，一个庭院中既有硬地面也有草地，由于材质的不同，它们会被视为两个不同的空间。硬地面的铺设材料可以采用水泥、砖、石材、卵石等，这些材料丰富的图案、颜色和质地为设计师利用地面材质变化来限定空间提供了可能性。

第三节 设计步骤

园林景观设计涵盖了较多的内容，不同类型的园林设计各有其特色。本节将简要介绍园林景观的一般设计程序，供读者参考。

不论是哪种类型的园林设计，其设计的关键在于设计目标的明确、功能的清晰及设计的科学合理。设计之初，应确保设计师拥有正确的设计理论知识，并进行全面的设计考虑，而这些都是基于事前的调查与研究而开展的。

一、园林景观设计的前期准备阶段

（一）收集必要的资料

设计师必须考虑资料的准确性、来源和日期。

1. 图纸资料

（1）原地形图

原地形图，即园址范围内总平面地形图。图纸应包括以下内容：设计边界、地形、标高、建筑、结构、山脉、水体、植物、道路和水井等，要显示水系统入口、出口、电源位置等，并标注要保留、改建或拆除的建筑，附近的交通路线、公共设施和居住区也应列明。根据项目的规模，图纸比例可选用 1∶2000、1∶1000 或 1∶500。

（2）局部放大图

局部放大图主要针对需要细致设计的区域，如现有建筑或自然景观中的山石和水池。图纸应能满足园林景观具体设计需求，通常使用 1∶100 或 1∶200 的比例。

（3）要保留使用的主要建筑物的平、立面图

平、立面图应明确建筑位置，建筑内外部高度，以及建筑尺寸和颜色等。

（4）现状树木分布位置图

现状树木分布位置图应标明要保留的树木的位置，并提供其直径、健康状况和观赏价值等信息，高价值的树木最好附有照片。图纸通常使用 1∶200 或

1∶500 的比例。

（5）原有地下管线图

原有地下管线图的比例一般要与施工图比例相同，图内应显示所有要保留的供水、雨水、污水、通信、电力、暖气、煤气和热力管线的位置及相关设施。除了原有地下管线的平面图，还应提供相应剖面图，并注明管道尺寸、标高、压力和坡度等，此图纸通常采用 1∶500 或 1∶200 的比例。

2. 文字资料

在进行园林设计时，除了图纸资料，文字资料的收集也是不可或缺的。具体应收集如下几种文字资料。

第一，客户对于设计的具体需求及其历史背景。

第二，设计用地的水文、地质、地理和气候数据，如地下水位、年度、月度降雨量、年度温度变化、湿度变化、季风方向及力度、冰冻深度等。大型或重要园林的位置还需要进行地质调查。

第三，园林与城市绿地总体规划的关系及其对园林设计的影响。城市绿地的总体规划图，通常的比例是 1∶5000 到 1∶10000。

第四，园林周边环境的特性，包括文化遗产、自然景观及其未来的发展前景。

（二）收集需要了解的资料

第一，了解园林附近的城市景观，如建筑风格、规模、颜色及其周边交通情况、居民结构和聚集方向，了解其是否接近工业区、学区或商业区。

第二，探讨当地的能源供应，如电力、水资源、污水处理能力，关注潜在的环境污染源，如有害的工厂或传染病医院。

第三，了解地区的植物情况，包括原生植物种类、生态、社群结构以及树木的生长状态和观赏价值。

第四，探索建园所需的主要物资来源，如苗木、岩石、建筑材料来源等。

第五，收集客户对园林设计的期望标准和预算。

（三）现场踏勘

通过实地勘查，设计师可以验证并补充已收集的资料，如现有的建筑、树木、水文、地质和地形等。此外，设计者可以根据现场情况进行初步设计，如发现可利用的景观或可能影响景观的因素，可以在设计中科学处理。因此，设计者必须对每一个项目进行实地勘查，对于大型或复杂的项目，可能需要进行多次勘查。

（四）拟定出图步骤及编制总体设计任务文件

对于收集的相关资料，设计师需进行归纳、分析并反复研究。基于此，设计师会明确整体设计的主要方针和目标，并制定详细的步骤和任务文件。主要内容如下。

第一，园林与城市绿地系统的互动关系。

第二，园林位置的独特性及其周边环境。

第三，园林的属性、主题及其艺术设计风格。

第四，园林的整体规模、预期访客数量等。

第五，园林的主要和次要入口，园内道路和广场布局。

第六，园林的地形设计，包括山地和水系等。

第七，园林内的植被选择，如基础树种。

第八，园林建设的分阶段实施流程。

第九，园林建设的预期投资。

二、园林景观设计的总体设计方案阶段

在明确了园林与城市绿地系统的联系，并设定了总体设计方向和目标后，下一步是进一步的设计细化。

（一）总体方案设计的图纸

1. 位置图

这是一个概念图，展示园林在城市内的具体位置，旨在直观、简明地传达位置信息。

2. 现状分析图

基于已有的数据，经过仔细地分析和归纳，将园林空间划分为多个部分，并对当前状态进行综合评价，可以用图案或抽象形状简洁地展现这些信息。例如，经过对周边道路的评估，根据主干道和次干道的布局，确定园林大致的入口位置和范围。此外，现状分析图也可以标明园林设计的有利和不利因素，为后续的功

能划分提供参考。

3. 功能分区图

基于整体设计方向和现状评估图，功能分区图可根据不同年龄段的游客和不同兴趣的游客的需求，明确各个功能区。设计目的是确保各个区域的功能性，同时让功能与外观设计协调统一。此外，功能分区图也揭示了不同空间或区域之间的互动关系。功能分区图也可以用简化的图形或图案来表示。

4. 总体规划方案图（总平面图）

基于整体的设计准则和目标，总平面图主要展示设计要素的基本轮廓。总平面图应包括以下细节。

第一，园林与其外部环境的联系，如园林的主、次、专门出入口与城市设施的关联、相邻街道的名称和宽度、附近的主要机构或住宅区；园林与周边环境的关系，如是否有围墙或是开放式的栏杆等都应清晰标明。

第二，园林的主、次、专门出入口的具体位置、规模、设计样式，以及主出入口内外的广场、停车场、大门等布局。

第三，园林的地形设计概览，细虚线通常用于表示地形的等高线。

第四，交通路线设计，根据道路的宽度，使用不同粗细的实线表示。

第五，园林内的建筑和结构布局，建筑的平面图应能展示整体设计。

第六，园林内的植被设计，图上应体现出各种植被景观，如茂密的森林、稀疏的林地、树丛、草地、花坛、特色花园和盆景园等。此外，总平面图上还需标明指北针、比例尺和图例等信息。

根据项目的规模，图纸的比例会有所不同。例如，超过 100 公顷的项目，比例尺通常选择 1：2000 至 1：5000；10 公顷～50 公顷的项目使用 1：1000 的比例尺；而不超过 8 公顷的项目则可选用 1：500 的比例尺。

5. 全园竖向规划图

竖向规划，即地形规划。地形是园林的基础框架，应能体现园林的地形结构。对于以自然为特色的园区，设计应能展示山体和水系的内部联系。依据设计准则、功能分区和景观设计要求，总平面图中应确定山的形态、最高点、山峰、山脊、丘陵、坡度和其他陆地地形特征；同时也需展示湖泊、池塘、小潭、港口、溪流、沙滩、沟渠及其他水体的形态，并标明湖面的各个水位、入水口和排水口等信息。

此外，还需确定主要建筑物的地平线、桥面、广场及道路的变化点的高度。园林与周边的市政设施、马路、步行道和邻近单位的地坪高程也需被标明，以确定与周边环境的排水关系。

表示方法：绘制的等高线应使用细实线，而原有的等高线使用细虚线。高程的精确度通常为小数点后两位。

6. 园路、广场系统规划图

总体规划方案图首先应标定园林的主要和次要出入口，特定用途的入口以及核心广场的位置。然后再明确主干道、辅助道路的位置，同时标记各类路面的宽度、坡度等细节。初步定义主要通道的道路材料和铺设方式。图纸应用不同粗细的线条标识出各种级别的道路和广场，同时注明主道路的基准高度。

7. 种植总体规划图

设计师可依照总体规划方案图、设计准则及苗木状况，明确园林内的主要树种，每个区域的突出树种以及最佳的景观位置等。植被布局主要涵盖密集林区、草地、稀疏林地、树丛、单独树木、花圃及园艺植物小景等多种植被类型。此外，还包括以植物为主题的专业花园，如玫瑰园、牡丹园、芬芳花园、叶观花园、盆栽花园、观赏或农业温室、藤本植物园、水生植物园等。

通常，植物按照园林绿化图例（主要显示植被类型）展示；而其他设计元素应根据总体规划方案图的展示方法进行展示。

8. 园林建筑布局图

园林建筑布局图应准确展示园内各类建筑的布局情况，包括各种出入口的票务室、管理办公室、景观及其他园林建筑；还需包括大型核心建筑、展览中心、娱乐设施、服务中心等建筑的平面位置和其相互间的关系。此外，也要标明供游客参观的园林建筑，如亭子、平台、楼宇、塔楼、树屋、桥梁等各种建筑的平面设计。除了平面布局，还应为主要建筑绘制平面图和立面图。

9. 管线总体规划图

根据总体规划的要求，管线总体规划图需依托于植被布局图，明确园区内水资源的供应方式；统计整体的水用需求，这涉及消防、生活日常用水、景观、喷洒、灌溉、清洁等方面的水需求；明确上水管线的主要铺设方式、管材直径、水压标准等，并进一步确认雨水和污水的处理量，处理方法，管线布局，管材规格及水处理的最终方向等。对于北方的园区，在冬季还需考虑供暖，需要确定供暖的技术、热负荷及锅炉房的位置。

表示方法：基于植被布局图，采用不同的线型或颜色的线条进行区分，并在图例中进行标注。

10. 电气规划图

按照总体规划的方向，电气规划图需明确整个园区的总电力需求、电力使用率、各个区域的供电设备、配电策略、电线的铺设路径及各个区域和关键位置的照明策略。同时，还需确定通信电线的铺设及相关设备的布局。

11. 鸟瞰图

鸟瞰图指利用钢笔绘图、钢笔淡彩技术、水彩、水粉或计算机三维设计等各种绘画手法来直观展示园区设计的愿景；在园林设计中，展示各个景区、关键景点和景观的全景效果。制作全景鸟瞰图的关键点包括以下几项。

第一，可选择一点、二点、轴侧或多点透视方法进行绘制，但在大小和比例上应尽量准确地反映景物的真实比例。

第二，在绘制鸟瞰图时，应遵循"近处大、远处小、近处清晰、远处模糊、近处详细、远处简略"的透视原则，以呈现出鸟瞰图的空间感、层次感和真实性。

第三，除了大型公共建筑外，与园内的园林建筑和树木相比，树木的描绘不应过小，应以 15 年～20 年树龄的树高为绘图标准。

第四，鸟瞰图除了展示园林本身外，还应绘制其周围环境，如园林附近的交通、园林周边的城市景观，以及园林周围的地形、水系等。

（二）总体设计说明书编制

除了设计图纸，每个总体设计方案都需要配备一个详细的文字描述文档，这份文档需要全方位地阐述项目的建设规模、设计原则、核心内容及相关的技术经济数据和投资预算等。主要内容如下。

①项目所在地、当前状态和总面积。②项目的性质、采用的设计理念。③功能划分说明。④核心设计要点，包括山地轮廓、空间设计、湖泊、水道与堤道系统、入口与出口、交通规划、建筑配置、植被布局及各种园林装饰元素等。⑤基础设施及通信设备规划概述。⑥管理体制结构。

三、园林景观设计的施工图设计阶段

在前述的总体设计阶段，客户有时会对多个设计方案进行比对或进行方案招标。经过客户及相关单位的审核、批准，并根据其提出的新意见和建议，总体设计方案可能还需要进一步修订和完善。一旦总体方案得到最终确认，随后便是施工图设计阶段。尽管施工图设计与总体方案在大纲上相似，但它需要更为具体、细致，因为它是施工的直接参考。

（一）施工设计图纸总要求

1. 图纸规范要求

图纸要尽可能符合相关建筑绘图图纸规范的要求。图纸的规格如下：0 号图纸 841 毫米 ×1189 毫米，1 号图纸 594 毫米 ×841 毫米，2 号图纸 420 毫米 ×594 毫米，3 号图纸 297 毫米 ×420 毫米，4 号图纸 297 毫米 ×210 毫米。4 号图纸规格固定，加长只允许在长边进行，特定情况下，1 号、2 号和 3 号图纸的长度和宽度均可加长，但 0 号图纸仅长边可加长，增长部分的规格应为原长的1/8 及其倍数。

图纸应清晰标注标题、图例、方向指示、比例、简述等。图纸应保证字体工整、清晰，无涂改；图面应明确、干净，线条应区分粗线、中线、细线、虚线、折线等，以确保准确描述物体；图纸上的文本和数字标注都应整洁明了。

2. 施工设计平面的坐标及基点、基线要求

标准的设计图纸应清晰地展示项目的边界、坐标网络及关键参考点和基线，这些元素对于施工过程中的测量和定位至关重要。参照点和基线的选取通常基于地形图上的标记、现场实际坐标点、现有建筑的角点和边缘，以及其他固定结构和路面，以确保这些参照物都是垂直和水平的。

（二）各类施工图内容及要求

1. 平面施工图

（1）施工放线总图

施工放线总图是一个展示各个设计元素在平面上的相对位置和确切位置的图。总体放线图应包括以下几部分内容。

①保留的建筑、结构、树木和地下管道等信息。②设计地形的等高线、高程点、水域、堤岸、石头、建筑位置、其他构筑物、道路、广场、桥、涵洞、树木种植位置、园林照明、座椅、雕塑等项目全景。③测量用的坐标网络。地下管道用细红线表示；等高线采用细黑虚线；山和水体则使用组合线条表示，主要景点要突出显示；其他元素，如园道、广场围栏、座椅等则按图例用不同的线条宽度表示，无需特别强调。

（2）局部设计平面图

根据项目不同区域的功能，将其分成几个部分，并根据总体设计要求对每个部分进行详细设计，这就是局部设计平面图，其标准的比例尺通常为 1:200，等高线的间隔小于 0.5 米。

局部设计平面图应指出建筑的平面视图、高程及与周边环境的关系；道路的形状、宽度和高程；主要广场、地面的设计和高程；花园、水体的面积和高程；堤岸的设计、宽度和高程。同时，平面上还应标明雕塑和园艺装饰的形态。

局部设计平面图应使用不同粗细的线条，清晰地展示等高线、园路、广场、建筑、水体、湖面、堤岸、树林、草地、灌木、花园、花卉、石头、雕塑等元素。

2. 地形设计施工图

（1）地形设计平面图

地形设计主要涵盖以下内容：平面图上应明确指出陆地特征，如高点、山顶、高原、小山、斜坡、平坦区域、细微地貌、小丘、凹地、岛屿等的标高；明确水域，如湖泊、池塘、小河的边界、进出水口的标高；明确各个区域的排水方向、雨水汇集区域以及各个景观区的建筑和广场的标高。通常，运动草地的最小坡度为 1%，最大坡度不应超过 33%，最佳坡度范围在 1.5% 至 10% 之间，而用于机械修剪的草坪的坡度不应超过 25%。

地形设计平面图还应涵盖地形改变过程中的填土和挖土信息，图纸上应标注整体的挖土、填土量，并指明需要进入或离开项目区域的土方量以及各区域土方的调整方向和数量，总体上应确保土方的挖填平衡。

（2）剖面设计图

除地形设计平面图外，还需要提供剖面设计图，主要展示重要区域，如山地、小山、斜坡的轮廓和高度，以及水平距离等信息，应注明剖面的起止点和编号，以便与平面图相对应。

（3）水体设计图

除陆地的地貌设计外，水体设计也是十分重要。水体设计图应展示水体的位置、形态、规模、类型、深度以及相关的工程设计标准。

首先，需要完成入水、溢出或排放口的详细设计。其次，基于项目的总体水体设计要求，绘制主要和次要湖泊、堤岸、岛屿、岸边、小溪、喷泉等水体及其配套设施的位置，并展示水池的循环系统平面图。

水体设计图除了平面设计图，还需要提供剖面设计图，其主要展示水域的边界、底部、装饰性石头、步道、堤岸、岛屿等的建造细节。

在平面图中，现状等高线、岸边用细红线表示，现状高度用加圆括号的红字标示；设计等高线用黑色不同粗细线表示，设计标高用不带圆括号的黑字标示；用黑色箭头指示排水方向；用黑色实线和虚线表示填土和挖土范围，并标明对应的土方量。

在剖面图中，要用粗黑线标示轮廓线，用黑色细线表示高度和距离，每个剖面都要有编号，以与平面图相匹配。

3. 种植设计施工图

种植设计施工图上应明确树木花草的种植位置、品种、种植类型、种植距离等内容，应画出常绿乔木、落叶乔木、常绿灌木、开花灌木、绿篱、花篱、草地、花卉等植物具体的位置、品种、数量、种植方式等。

种植设计施工图的比例尺一般为 1：500、1：300、1：200，根据具体情况而定。另外，重点树丛、林木、绿篱、花坛等需要附大样图，一般用 1：100 的比例尺，以便准确地表示出重点景点的设计内容。

种植设计平面图要按一般绿化设计图例表示植物，在同一幅图上，树冠图例不宜表示太多，花卉、绿篱表示也要统一，以便图纸一目了然。乔木树冠用中、壮年树冠的冠幅，一般以 5～6 米树冠为制图标准，灌木、花草以相应尺度来表示。

4. 园林建筑施工图

园林建筑施工图展示了各种园林建筑的布局、尺寸、样式、规模、高度、色彩及施工方法等，其内容包括园林建筑平面位置图（展示建筑的平面位置、方向及其与周围环境的关联）、基层平面图、各个方向的建筑剖面图、屋顶设计、必需的详细图、建筑结构图及效果预览图等。

5. 园路、广场设计图

这部分主要描述园林内各种道路（主道、辅道和小径）、广场的确切位置、宽度、标高、坡度、排水方向和路面工艺等。路面结构、道边设置及道路与广场的连接、转弯和交汇点都必须提供详细图解。

园路、广场设计平面图应根据整体的道路规划要求，在施工总图的基础上，绘制各类道路、广场、地面、楼梯、盘山路、山路、河边步道、桥梁等的位置，并标注各部分的标高。一般情况下，园林道路可分为主道、辅道和小径，最小宽度为 0.9 米，主道通常宽 3.5 米～5 米，辅道宽 2 米～3.5 米。根据国际康复协会的规定，为残疾人设计的坡道最大纵坡不得超过 8.33%，因此，主道的纵坡上限为 8%，而山地主道纵坡应低于 12%。

除平面图外，园路、广场设计图还要用 1：20 的比例绘出剖面图，表示各种路面、山路、台阶的宽度及其材料、道路的结构层（面层、垫层、基层等）。注意每个剖面图都要编号，并要与平面图配套。

6. 山石设计图

在园林造景的元素中，山石和雕塑作为特定的景观小品扮演着核心角色。为了在施工时更准确地展现设计师的构想，建议制作山石的实体模型或雕塑的原型设计图。在进行园林景观设计时，应基于施工总图绘制山石的平面图，简要描绘其立面和剖面，并标注其高度、体积、设计思路和颜色等细节，确保与其他专业工程顺利对接。

7. 地下管线设计图

要根据预先设定的管网规划来绘制地下管线设计图，这部分图纸应清晰地显示供水（景观用水、绿化用水、日常生活用水、卫生用水和消防用水）、排水（雨水和废水）、供暖和燃气等各类管道的定位、规格和埋设深度。

在平面图中，要在预先设定的管网规划图上，展示各类管道及其相关管井的坐标位置，并标明各段管道的长度、直径、标高及连接方式等细节。为简化表示，可以使用特定字母代表不同的管道。

在剖面图中，应重点绘制各类检查井的详细设计，用粗黑线描绘井内的管道及其与其他部件的连接情况。所有的绘图工作都应遵循政府有关部门的相关标准和规定进行。

8. 电气设计图

在电气规划图上，要将各种电气设备、绿化灯具位置、变电室及电缆走向位置等具体标明。应按供电部门的具体要求及建筑电气设计安装规范正规出图。

（三）苗木及工程量统计表

首先，苗木表，包括编号、品种、数量、规格、来源、价格、备注等。

其次，工程量，统计表包括项目、数量、规格、备注等。

（四）设计预算

首先，土建部分应按工程概预算要求算出。

其次，绿化部分应按苗木单价预算出成本价，再按相关标准中的园林绿化工程单价预算出施工价，二者合一。

土建部分造价和绿化部分造价相加为工程总预算造价。

第四章　园林景观设计的构图法则和设计方式

本章为园林景观设计的构图法则和设计方式，依次介绍了园林景观设计的构图法则、园林景观设计的方式两个方面的内容，为开展园林景观设计活动奠定了基础。

第一节　园林景观设计的构图法则

构图有组合、联系、布局的意思。园林景观构图是组合园林物质要素，使园林景观内容美与形式美取得高度统一的创作技法。园林景观的内容是构成形式美的依据。

一、多样与统一

如果把众多的事物通过某种关系放在一起后获得了和谐的效果，这就是多样统一。多样性与统一性之间存在辩证统一的关系，任何艺术如音乐、绘画等都存在这种关系，其主要意义是要求艺术形式在多样化发展的过程中，寻求内在的和谐统一，既显示形式美的独立性，又彰显艺术的整体性。多样而不统一必然杂乱无章，统一而无变化，则单调呆板。多样与统一是艺术领域最概括、最本质的原则，是园林景观设计的基本构图法则。园林景观构图的多样统一主要表现在主与从、调和与对比、韵律与旋律、联系与分隔四方面。

（一）主与从

在艺术创作中，创作者一般都会考虑一些既有区别又有联系的各个部分之间的主从关系，并把这种关系加以强调，以取得显著的宾主分明、井然有序的效果。

在园林景观设计中，存在着明确的主导区域和辅助区域，这种布局的核心与辅助部分通常是基于功能和使用需求来确定的。从平面设计的角度看，核心区域往往是整个园林的中心焦点，而辅助区域则扮演着次级的中心角色，这些次级中心在设计中不仅具有相对独立性，同时也与主导区域相互依存，它们之间会形成紧密的联系，相互补充，使整体设计更加和谐完整。

一般缺乏联系的园林景观的各个区域是不存在主从关系的，所以取得主要与从属两个部分之间的内在联系，是处理主从关系的前提，但是区域之间的内在联系只是主从关系的一方面，区域之间的差异则是另一方面。适当处理各个区域的差异可以使主次分明、主体突出。因此，在园林景观布局中，以呼应取得联系和以衬托突显差异，就成为处理主从关系不可分割的两方面。

关于主从关系的处理，大致有以下两种方法。

1. 组织轴线，分清主次

在园林景观设计中，特别是在有序的景观设计里，轴线被频繁使用以规划各组成元素的布局，从而确立各个区域的主从关系。通常，核心元素会被置于主要轴线上，而辅助元素位于轴线的两旁或次要轴线上，形成清晰的主从层次；而在自然式的园林设计中，核心元素可能位于整个景观的中心或非明显的轴线上。

2. 互相衬托，突出主体

在园林景观设计中，用于强调主体的常见技巧是体量和高度的对比。某些建筑或景观因功能需求在体量上存在高矮、大小的差异，对这种差异在布局上进行巧妙运用，能够突出主体，形成鲜明的主次之分。此外，形式上的对比也是一种突出主体的手法，在特定环境下，高耸的景观、优美的曲线、复杂的外形、鲜艳的色彩和艺术装饰都可以吸引人们的目光。

（二）调和与对比

在构图中，各元素之间总会存在一定的差异，差异小的呈现出调和的状态；差异大的则形成对比。调和和对比只存在于同类特性的差异中，如大小、开放性与封闭性、线条的弯曲或直线、颜色的冷暖等，而不同特性的差异之间则不存在调和与对比。

1. 调和

调和本身表示一种统一性。在建筑、绘画和室内设计中，调和技巧常被用于色彩布局，即选取同种色调的冷色或暖色来营造特定的情感氛围，给人深刻的印象。在建筑的渲染中，使用相似的色彩和柔和的光影，可以呈现建筑的宁静感和雅致感，这种技巧善于捕捉场景中的氛围，尤其在清晨或黄昏的迷雾中，能够引发人们的深思。在园林设计中，调和通常是通过石头、水面、建筑和植被等元素的风格和色调的一致性来实现的，当植物是园林景观的核心时，尽管不同植物在形状、大小和颜色上各不相同，但它们的共性在绿色这个基调上达到了调和。总的来说，使用调和技巧可以使景观有一种内敛和雅致的美感。

2. 对比

在形式艺术的组织中，将两个截然不同的元素进行比较被称为对比。任何具有明显差异、矛盾和对立的双方被安排在一起，进行对照比较的表现手法都被称为对比。当两种对立的元素在艺术中互补并提升彼此时，就实现了统一。对比是形式艺术中最核心的策略，所有的长短、高矮、大小、图像、光与阴、明与暗、浓与淡、深与浅、实与虚、密与疏、动与静、曲与直、硬与软、方向等量感和质感方面的元素，都是从对比中产生的。

（1）形象对比

园林景观设计中构成园林景物的线、面、体和空间之间常具有各种不同的形状，在设计中采用类似形状易取得调和，而采用差异显著的形状则易取得对比，如园林景观中的建筑与植物、植物与园路、植物中的乔木与灌木、地形地貌中的山与水等均可形成形象对比。

（2）体量对比

体量对比是指在比较研究中，通过对两个或多个事物的规模、大小、容量等方面进行比较和对比，从而揭示它们之间的差异和关系的一种方法。如果将两个大小相似的物体放在两个大小不同的空间中进行对比，就会给人不同的感受，将一个物体置于宽广的草坪中，而另一个置于封闭的庭院中，前者显得更小，后者显得更大，这种体积感是相对的，是通过对比产生的"大中显小，小中显大"的效果。

（3）方向对比

在园林景观设计中，垂直与水平的对比经常被运用，以增强园林景致的特征。例如，山和水产生了立体上的方向对比，建筑的水平和垂直组合使空间造型产生方向上的对比，水中的拱桥产生了不同的方向对比等。要实现方向对比的和谐，关键是平衡。

（4）空间开闭对比

在空间上，大型园林的广阔与小型园林的封闭形成了对比，如在颐和园，苏州河的流向从东到西，绕过万寿山的山脚，最终流入昆明湖，河道宽窄不一，两岸的古树参天。这造成了空间时而开放时而封闭，扩张与收缩交替出现，在封闭的部分，空间显得幽深；在开放的部分，空间显得宽敞。这种前后空间大小的对比使得景观效果因对比而得到增强。当到达昆明湖时，更能体会到空间的辽阔，湖面的宽广和浩瀚的水波，使人从初始的平静转为激动。这种对比策略使得园林景观空间变得丰富多彩。

（5）明暗的对比

光线的变化导致空间的明暗差异，这增强了景物的三维性和空间的动态性。"明"给人带来积极的感觉，而"暗"则造就了神秘和平静的情境。一般而言，对比明显的空间能激发人的情感，而对比较小的空间则让人感到宁静。当观者从暗处望向明处，景观显得更为辉煌；而从明处望向暗处，景物则更为深远。这种明暗的变化在空间的扩张和收缩中也非常明显，树木丛生的封闭空间给人一种阴暗感，而草地或水面形成的广阔空间则明亮。古代园林设计广泛使用了明暗对比，如苏州的留园和无锡的蠡园的入口设计，首先通过一条狭窄而昏暗的巷道或隧道，然后进入主要的院落。

（6）虚实对比

虚给人以轻松，实给人以厚重。山水对比，山是实，水是虚；建筑与庭院对比，建筑是实，庭院是虚；建筑四壁是实，内部空间是虚；墙是实，门窗是虚；岸上的景物是实，水中倒影是虚。由于虚实的对比，使景物坚实而有力度，空灵而又生动。园林景观设计十分重视空间布置，以期达到"实中有虚，虚中有实，虚实相生"的目的。例如拙政园的"梧竹幽居亭"，四周白墙开设四个圆形洞门，亭内空间与外部景色相互交融，洞套洞，圈套重叠，通过长廊的漏窗，视觉通透，增强了亭子的空间深度，形成了虚实相见的空间布局（图4-1-1）。

图 4-1-1 拙政园"梧竹幽居亭"门洞

（7）色彩对比

色彩的对比与调和包括色相和明度的对比与调和。色相的对比是指相对的两个补色（红与绿，黄与紫）产生的对比效果；色相的调和是指相邻近的色，如红与橙、橙与黄等。颜色的深浅叫明度，黑是深，白是浅，深浅变化就从黑到白的变化。在一种色相中，明度的变化是调和的效果。园林景观设计中色彩的对比与调和是指在色相与明度上，只要差异明显就可产生对比的效果，差异近似就会产生调和效果。

（8）质感对比

在园林景观设计中，通过利用植物和建筑、道路、广场、山石、水体等不同材料的特质，设计师可以创建出对比的鲜明的景观，从而提升园林艺术效果。即便在植物间，由于种类的差异，其粗糙或光滑、厚重或透明的特点也会产生不同的质感，这种基于材料特质的对比可以带来坚实、轻盈、庄重或生动的景观效果，或者展现出人为创造之美。

（9）动静对比

六朝时代的诗人王籍在《入若耶溪》中提到：蝉噪林逾静，鸟鸣山更幽。诗句中的"噪"与"静"，"鸣"与"幽"都形成了对比。在密林中，蝉的鸣声反而强化了静谧之感；在深谷之间，鸟的啼鸣则为其增添了更幽远氛围；在夜深人静时，人们听到的钟声滴答更强调了周围的寂静。广州的山庄旅社内有一个三叠泉，其水声破去了四周的寂静。此水声清脆悦耳，与四周的静态环境形成了对比。因此，在景观设计中，适当加入滴水之声，能够把整个景观提升至一个诗意的境地。这正是动与静之间的对比。

综上可得，调和与对比之间的差异在于它们的程度。调和是微小的变化，而对比是骤然的变化，它们形成了对立的双方。只有调和而无对比，构图可能显得单调；而过于侧重对比，忽视调和，则构图可能失去平和的效果。因此，在园林景观设计中，调和与对比就像两个互补的元素，它们强调的是对立因素间的交融，而不是彼此的排斥。调和与对比的融合，从根本上反映了社会和自然中的普遍规律，即园林艺术中的对立统一原则。

（三）韵律与旋律

韵律原是指诗歌中的声韵和节律，在诗中，音的高低、强弱及其组合，均匀的暂停或停顿，特定位置的音色重复以及行尾或句尾的相同韵脚，构建成了韵调，强化了诗歌的音乐质感与旋律魅力。旋律作为一个音乐词汇，描述的是音乐中声音的起伏和节奏，它基于特定的音乐节拍和变化，是音乐的支柱，同时也是其结构的核心。韵律与旋律虽然有共性，但也有所区别，它们都能激发人们对声音的审美感受，但韵律依赖于有规律的重复，而旋律更为丰富和变化多端。

在园林设计中，韵律与旋律无处不在。例如，行道树、花坛、步道、小径、柱廊和围栏都展现了韵律与旋律的基础魅力。复杂一点的，如地形、树冠轮廓、树缘、水边轮廓和园路的高低和弯曲以及池中的涟漪，瀑布的咆哮，溪流的潺潺，空间的展开与闭合以及互相交融与流动，景观的稀疏、实体与其展现或隐藏的部分，都为人们带来了如音乐般的旋律感受。

1. 简单韵律

简单韵律是指相同元素等间距重复出现的连续结构，如等间距的行道树，等高和等宽的长廊或山路以及藤蔓墙等。

2. 交替韵律

交替韵律结构由两种或多种元素交错并重复出现构成。例如，行道树上采用桃树和柳树交错种植，两种不同的花坛间隔排列，或者山路上阶梯和平面交替出现；园路铺设采用卵石、板石、混凝土、瓷砖等不同材料，形成丰富多样的图案，呈现连续的交错模式。恰当的交替旋律设计可以引人入胜。

3. 渐变旋律

渐变旋律指的是在园林景观设计中，某一连续重复的设计元素按照一定的规律进行逐步增加或减少，如结构的尺寸、色调的深浅或质地的粗细变化。这种旋律在其组成部分之间往往表现出不同的变化程度或复杂性。在园林景观的设计实践中，如在山脉的塑造或建筑的造型设计中，经常采用由下到上渐变缩小的手法；桥洞的设计，可能会展现出从小到大或从大到小的变化特征。

4. 起伏曲折韵律

由一种或几种因素在形象上出现较有规律的起伏曲折变化所产生的韵律。如连续布置的山丘、建筑、树木、道路、花径等，可有起伏曲折变化，并遵循一定的节奏规律，自然林带的天际线也是一种起伏曲折的韵律的体现。

5. 拟态韵律

既有相同因素又有不同因素反复出现的连续构图，如花坛的外形相同，但花坛内种的花草种类、布置又各不相同；漏景的窗框一样，漏窗的花饰又各不相同等。

总之，韵律与旋律本身是一种变化，也是使连续景观实现统一的手法之一。

（四）联系与分隔

分隔意味着要按功能或艺术将整体细分成多个部分，而联系则是将这些部分结合为一个整体。园林景观都是由具有不同功能需求的空间组成的，它们之间必然有联系与分隔。

在园林景观设计中，联系与分隔的策略是整合不同的材料、组件、形状和空间，使它们协同工作，形成一个和谐的整体。这也是实现园林景观设计统一性与多样性的方法。

联系与分隔在园林景观设计中主要体现在以下两方面。

1. 园林景物元素和空间的联系与分隔

为了实现联系，设计师通常会在相关的景观元素和空间之间设计特定的轴线和关系，确保它们相互呼应；常用的元素包括树木、土坡、道路、步道、挡墙、水面、围栏、桥梁、花架、走廊、建筑的门和窗等。

园林景观建筑物室内与室外之间的联系与分隔取决于其不同的功能需求；通常，这两者对于景观来说都是必要的，可以使用门、窗、走廊、花架、水体、岩石等元素将建筑物与庭院连接起来，也可以将户外绿地引入室内，增加室内景观的丰富性。

2. 立体景观的联系与分隔

立体景观的联系与分隔旨在确保景观的完整性。有时，由于功能需求的差异，某些景观元素会具有截然不同的特性，如果不考虑它们在立体景观上的联系与分隔，可能会显得突兀。为了达到某种艺术效果，有时需要强调元素的分隔，有时则需强调元素的联系。

联系与分隔是园林景观设计中实现完美整体的关键策略之一。主与从、调和与对比、韵律与旋律、联系与分隔都是保持园林景观设计统一性与多样性的方法，它们反映了园林设计各个方面的统一性与多样性。其中，调和、联系经常被用作变化中的统一策略，而对比、分隔则更多地被视为统一中的变化策略。

二、比例与尺度

（一）比例

在人类的审美活动中，客观景象与人的心理经验会形成一定的逻辑关系，给人以美感，这就是比例。比例是满足人们理智与眼睛要求的特征，它出自数学领域，表示数值不同而比值相等的关系。

古希腊哲学家毕达哥拉斯把数当作世界的本源，他认为万物都是数[①]；数是一切事物的本质[②]，他认为美是和谐的数；在几何学上，他发现了黄金分割比。文艺复兴时期的艺术家发现，人体结构从身高的各线段比、身宽的各线段比、两手平举的各线段之比都与黄金分割比一致，因此，人们认为人是生物界最美的；他们寻求艺术的几何比例基础，按黄金分割比塑造人物形象。近代西方人将黄金分割比面型作为审美标准。文艺复兴时代的艺术家同古希腊人一样，认为黄金分割比是建筑不可违反的建造原则，但是也有人怀疑黄金分割比不是美的唯一比例，事实上除黄金分割比以外的比例也有美的。例如，现代许多高层建筑的长与宽之比就不符合黄金分割比，但它们的造型是美的。随着时代的演进，人们的审美观念

---

①　《西方哲学史》编写组. 西方哲学史 2 版 .[M]. 北京：高等教育出版社，2019.
②　杨建军. 科学研究方法概论 [M]. 北京：国防工业出版社，2006.

及审美习惯都在发生变化。万物的本源不是数，哪怕是黄金分割比也不应视为永恒不变的形式美的比例，更不应该将艺术纳入纯数学的领域。

对于园林景观来说，比例受工程技术、材料、功能要求、艺术传统、社会思想意识等因素影响的。园林景观是由植被、建筑结构、小径、自然元素，如山石和水系等组成的，这些元素之间的比例关系彰显了和谐与美感。这种比例不仅存在于景观各个元素的内部结构中，还表现在不同元素间以及整体与部分之间。这种和谐的比例关系很难通过具体的数值来描述，它产生于人的直观感受和审美经验。

（二）尺度

与比例紧密相连的概念是规模。规模主要描述的是人与事物之间的大小关系，而比例只关注元素间的相对比例，不涉及其实际大小，这就像照片的放大与缩小，它可以保持相同的比例但是失去了真实的大小感觉。因此，即使在相同的比例下，不同的元素可能具有不同的实际大小。为了研究建筑或景观中各个部分与整体在视觉上给人的大小印象与其实际大小之间的关系，设计师通常将某个固定的因素与可变的因素进行对比，从中强调出可变因素的实际大小；这个"固定因素"便是"人"，因为人类的体型大小是普遍知悉的，并且变化范围相对较小，将"人"作为衡量的"标准"是非常直观且容易被大众所理解的。例如，人们通常不用尺子而用人的臂长来量度古树、名木树干的周长；在野外摄影时，为了要说明拍摄对象（树、石、塔、碑等）的真实大小，常常旁立一人为标尺，使读者马上能判断出拍摄对象的真实大小。这种以人为标尺的比例关系就是"尺度"。生活中许多构件或要素与人有密切的关系，如栏杆、扶手、窗台、踏步、桌子及板凳等，根据使用功能要求，它们基本上保持不变的尺寸，所以在建筑构图上也常常将它们作为"辅助标尺"来使用。园林景观构图的尺度是以人的身高和使用活动所需要的空间为视觉感知的量度标准的。

一般情况下，对比要素给予人们的视觉尺寸与其真实尺寸之间的关系是一致的，这就是正常尺度（自然尺度），这时，景物的局部及整体之间与人形成一种合乎常情的比例关系，或形成合理的空间，或形成合理的外观。景观元素在不同的背景和条件下应具有相应的规模。一个在某种环境中完美的规模，当移至另一种环境时，可能就不再适宜。为了创造出一个和谐的空间，每一个景观元素都需要在其所在的环境中具备适当的比例和规模，这意味着不仅要确保景观元素之间的比例关系和谐，还要确保这些元素与其周围环境的规模匹配。一个恰当的规模通常依赖于其内部的比例关系，反之亦然。因此，比例和规模是密不可分的，经常被人们同时考虑。

"尺度"在西方设计理念中被视为一个复杂且难以定义的原则，它涵盖了比例，但也融入了和谐、均衡和审美的要求。例如，我国的江南私家园林，由于其面积较小，传统的布局，如树木、建筑或其他装饰性元素都比较小巧，给人一种温馨和舒适的感觉；而美国华盛顿的国会大厦前方，无论是水池、草坪、高大的树木还是纪念碑，都是大规模的，展现了一种宏伟的氛围。

在园林景观设计中，从细节到整体、从个体到群落再到整个环境、从近景到远景，这些元素之间的比例关系与其所在环境的规模是否能够完美结合，往往是决定园林景观设计是否成功的关键要素。

三、均衡与稳定

（一）均衡

均衡在视觉艺术领域中占据了核心的地位，它是使作品从视觉上呈现出和谐统一的关键。每一个自然界中的静态物体都受到力学规律的支配，需维持在平衡状态中，若物体或景观呈现出不平衡的状态，很容易引发观者的不适感，甚至是危险感。因此，园林景观中的元素都追求视觉上的均衡，以呈现出令人愉悦、安心的视觉效果。尽管均衡在科学中与力学的平衡有所联系，但在艺术中的均衡更多的是基于感觉和感知。均衡大致可以分为对称均衡与不对称均衡两种。

1. 对称均衡

对称均衡的核心在于一个明确的中心轴，景观元素沿此轴两侧对称排列，当两侧的元素在形状、色调、材质和重量上完全匹配，仿佛是通过镜子反射出的时，人们称之为绝对对称；但当两侧元素整体相似，但部分细节存在差异时，这种情况被称为拟对称。例如，许多寺庙门前都有一对石狮，虽然它们看起来相似，但实际上分为雌雄。由对称布局产生的均衡效果被称为对称均衡，它给人一种理性、精确和稳定的感觉。

对称均衡在园林景观设计中是一个强大的工具，它可以强调并突出主题，使之有条理且醒目。例如，法国的凡尔赛宫园林展示了对称布局的巧妙之处，是一部永恒的杰作。但对称并非万金油，不恰当的使用可能导致作品显得普通和刻板。英国著名艺术家荷加兹提出，整齐、一致或对称只在它们能够反映适应性时，才会真正吸引人。如果对称并非必要，或与功能和条件不符，那么过度追求对称很可能对景观造成不必要的制约。

2. 不对称均衡

大自然中的景物，除了特定的，如日、月、人类和动物，大部分都展现出不对称均衡的魅力。中国传统的园林景观，如仿山造水，其设计也常表现为不对称均衡。不对称均衡与力学中的杠杆原理相似：一个轻巧的秤砣可以与远重于它的物体达到均衡，核心在于寻找那个均衡点。在园林景观中，重感大的景物靠近均衡中心，而重感小的景物则远离均衡中心。中国的假山、树桩和盆景等，都是不对称均衡的绝佳体现。其实，不对称均衡的美学价值通常高于对称均衡，因为它为人们提供了更丰富多变的视角。景观设计中需全面考虑景物的各种特性，如实虚、色泽、纹理、密度、线条等，设计师不仅要注意平面的布局，还要注重景观的三维效果。

任何规模的景观，无论是微小的盆景还是宏大的风景区，都可以采用不对称均衡的方式来设计，它给人一种灵动、自由的感觉，令人感觉轻松并充满活力，因此也被称为动态均衡。

（二）稳定

每一个物体都会受到地球引力的影响，为了维持稳定，底部往往较大而重，上部则相对较轻，如山脉或土坡。基于此，人们形成了一个观念，即物体的底部宽大可以给人稳固感。因此，园林景观的稳定性是通过对建筑、石头和植物的上窄下宽的布局来体现的。

为了保证园林景观的稳定性，设计师通常从下往上逐渐减小物体的体量。例如，中国古典园林中的多层建筑，颐和园的佛香阁和西安的大雁塔，它们的建筑体量在底部最大，向上则逐渐缩小，降低了重心并增强了稳定感。此外，材料的选择和处理也是影响稳定感的重要因素，园林中的建筑基座常使用粗糙和深色材料，而上部则选用光滑或浅色的材料；用于造景的山石，通常设置在山脚，从而强化稳定感。

四、比拟与联想

在艺术的世界中，比拟与联想是两种深入人心的表现手法。由于园林景观艺术无法直接展现生活中的具体形象与事物，因此，比拟与联想在此领域的应用尤为突出。观者会与园林景观产生共鸣，很多时候是因为他们将景观与某些深入心灵的美好事进行了联想。这些联想发展出的联想所触及的广度和深度，往往远超园林本身，能为园林的景观注入丰富的情感内涵。

（一）自然风景产生的比拟与联想

通过对我国名山大川进行抽象和总结，园林艺术家在园林景观中模拟出了自然的山水风景，使人有身临其境的感觉；当这种表现得当时，人们在面对园林中的微型山水时，很容易产生虽小却宏伟、虽简单却深邃的联想，仿佛是人为地再现了大自然的魅力，实现了如假包换的效果。

我国的园林景观设计师在模拟自然的技巧上具有独特的见解，他们擅长利用空间布局、比例关系、色彩和质感等元素，让一个单独的石头也能引起观者如临高峰的震撼；使观者看到散落的石块就联想到一片连绵的山脉，而一池之水则更能给人无边无际的遐想。联想有点像国画，虽笔墨未尽，但意境已至，为人们提供了无尽的遐想空间。

（二）植物产生的比拟与联想

将植物的姿态、特性与我国传统联系，赋予这些植物拟人化的品格，给人以不同感染，使人产生比拟和联想，如松竹梅有"岁寒三友"之称，梅兰竹菊有"四君子"之称。另外，柳象征强健灵活、适应环境，枫叶象征不怕艰难困苦、晚秋更红，荷花象征廉洁朴素、出淤泥而不染等。这些园林植物，常是诗人画家吟诗作画的好题材，在园林绿地中适当运用，也会增色不少。

（三）建筑、雕塑产生的比拟与联想

园林景观建筑和雕塑造型常与历史事件、人物故事、神话小说、动植物形象

相联系，能使人产生艺术联想，如蘑菇亭、月洞门、水帘洞、天女散花等使人犹入神话世界。雕塑造型使用在我国现代园林中应该加以提倡，它在联想中的作用特别显著。

（四）访古探寻产生的比拟与联想

把传说、典故、历史事件等增添于风景中，往往可以把实景升华为意境，令人浮想联翩。题名、题咏、题诗等也能丰富人们的联想，提高风景游览的艺术效果。

园林景观艺术作为人类文明与自然之间的桥梁，早已脱离了简单的装饰与娱乐功能，变成了一种深层次的艺术表现形式，它不仅仅是将树木、花草、水系和建筑融为一体，更是在设计中融入了人的情感、文化、历史与哲学思考，使得每一处园林都成了一个有深度、有故事的艺术品。

这样的综合性，首先体现在园林景观设计对于不同元素的融合上，单一的构图手法很难满足园林的复杂性和多样性。例如，仅仅依赖对称的设计，虽然能带来和谐统一的视觉效果，但可能缺乏变化与趣味性；而完全的不对称设计，又可能导致观者感受到混乱和不安。因此，一个成功的园林设计，往往是对称与不对称、开放与封闭、高与低、实与虚等对比元素巧妙结合后，进而形成的一个和谐又富有变化的整体。

园林景观设计还需要考虑季节更替、天气变化、光线变化等自然因素。一个园林在春夏秋冬四季中呈现出的风景是截然不同的，设计师需要预见这些变化，确保园林在不同的时节都能展现出最佳的美景。这不仅仅涉及植物的选择问题，还涉及布局、建筑、水系等多方面。此外，园林景观艺术还需要考虑人的活动和使用需求，园林不是一个孤立的艺术品，它是为人们服务的。因此，设计师需要充分考虑游客的游览路线、停留点、休息区等功能需求，确保园林既有观赏价值，又实用舒适。

园林景观还需要融入当地的文化和历史背景中。每个地方都有其独特的文化和历史，这些都是园林景观设计不可忽视的元素。巧妙地将这些元素融入设计中，可以使园林更具特色，也能更好地与当地居民产生共鸣。园林景观设计还需要不断地更新和创新。随着时代的发展，人们的审美和需求也在不断变化，园林设计不能故步自封，需要不断地探索新的设计语言和手法，确保其始终保持鲜活的生命力。

总之，园林景观的综合性和多元性决定了其设计过程是一项复杂而富有挑战性的工作，需要设计师具备深厚的专业知识，敏锐的观察力以及无限的创造力。

第二节 园林景观设计的方式

一、园林赏景及造景

造景手法是园林景观设计师必须掌握的技能，游人的赏景依赖设计师对景的创造，同样，设计师对景的创造也要重点考虑游人的赏景方式，只有综合考虑、灵活运用赏景方式及造景手法才能组织出令人流连忘返的园林绿地。

（一）园林赏景

1.赏景的视觉规律

（1）视点、视距、视角

通过眼睛来欣赏景观是游人赏景的主要方式。游人观景时所处的位置被称为观赏点或视点。

观赏点与被观赏景物之间的距离被称为观赏视距。正常人的清晰视距为25米～30米，明确看到景物细部的距离为30米～50米，能识别景物的视距为250米～270米，能辨认景物轮廓的视距为500米，能明确发现物体的视距为1300米～2000米。

视距的角度称为视角。正常人的静观视场，垂直视角为130°，水平视角为160°。由于人的视觉特点，不同的观赏视距、不同的视角会产生不同的艺术效果。

（2）最佳视角与视距

根据专家的研究，通常垂直视角为26°～30°，水平视角为45°时观景效果较好，能够获得清晰、完整的构图。

若假设：DH 为垂直视角下的视距；H 为景物高；h 为人眼高；α 为垂直视角；DW 为水平视角下的视距；W 为景物宽；β 为垂直视角。

则最佳视距与景观高度或宽度的关系可用下面两个公式表示：

$DH=（H-h）ctg\alpha/2≈3.7（H-h）$；

$DW=W/2ctg\beta≈1.2W$

由于景物垂直方向的完整性对构图影响较大，当 DH 与 DW 不同时，应在保证 DH 的前提下适当调整以满足 DW。

（3）景物与在不同视距（视角）下的观赏特点

有专家研究表明，观赏景物有三个特别的视距（视角）。

①在仰角为 18° 时，即在 3 倍景物高度的视距时，是最佳的观看景物全貌及景物与周围环境关系的地方。

②在仰角为 27° 时，即在 2 倍景物高度的视距时，是最佳的观看景物主体的地方。

③在仰角为 45° 时，即在 1 倍景物高度的视距时，能看清景物的局部或细部。

2. 赏景的方式

景是用来供人游览观赏的，不同的游人会采取不同的游览观赏方式，不同的观赏方式会产生不同的观赏效果，从而给人不同的心理体验。从动与静的角度来看，赏景可分为动态观赏与静态观赏两种方式。

（1）动态观赏与静态观赏

①动态观赏是指游人在沿道路交通系统行进的过程中对景物的观赏，如通过步行、乘车、坐船、骑马等方式来观赏景物时，就是动态观赏。由于动态观赏主要是游人沿道路交通系统的行进路线进行的活动，因此，行进路线两侧的景观要注重整体的韵律与节奏的把握，要注重景物的体量、天际线的设计。此外，由于步行不同于乘车、坐船这些游览方式，它的速度较慢，游人还往往会留意到景物的细节，所以，步道两侧的景物更要注重细节的设计；为了给人不同的视觉体验和心理感受，设计师应在统一性的前提下注重景观的变化。

②静态观赏是指游人停留下来，对周边景物进行观赏的观赏方式。静态观赏多在一些休息区进行，如亭台楼阁等处。此时，游人的视点对于景物来说是相对不变的，游人所观赏的景物犹如一幅静态画面。因此，静态观赏点（多为亭台楼阁这类休息建筑、设施）往往布置在风景如画的地方，从这里看到的景物层次丰富、主景突出，所以，静态观赏点往往也是摄影和绘画写生的地方。

在设计景观时，设计师要合理地组织动态观赏和静态观赏，游而无息使人精疲力竭，息而不游又失去游览意义。因此，应该注意动静结合。

（2）平视、仰视、俯视观赏

从视线与地平面的关系来看，赏景可分为平视、仰视、俯视观赏。

①平视观赏是指视平线与地平面基本平行的一种观赏方式，由于不用抬头或低头，较轻松自由，因而是游人最常采用的一种赏景方式，且这种方式透视感强，有较强的感染力。

另外，平视观赏容易使景观给人带来恬静、深远、安宁的感觉。很多的休疗养胜地在景观设计时会采用平视观赏的方式。

②仰视观赏是指观赏者头部仰起，视线向上与地平面成一定角度的观赏方式。在这种观赏方式中，与地面垂直的线产生向上的消失感，景观容易形成雄伟、高大、严肃、崇高的感觉。很多的纪念性建筑，为了强调主体的雄伟高大，常把视距安排在主体高度的一倍以内，通过错觉让人感觉到主体的高大。

③俯视观赏是指景物在视点下方，观赏者视线向下与地平面成一定角度的观赏方式。在这种观赏方式中，与地面垂直的线产生向下的消失感，景观容易形成深邃、惊险的效果，易使游人产生会当凌绝顶、一览众山小的豪迈之情，也易让人感到胸襟开阔。

（二）园林景观设计的造景方式

园林景观设计离不开造景，若是自然造景，设计师的首要任务就是通过造园的手法展现自然之美，或借自然之美来丰富园内景观；若是人工造景，设计师可遵循中国传统造园的师法自然法则来造景，这需要设计师匠心巧用、巧夺天工，从而使景观有虽由人作、宛自天开的效果。

常用的造景方式有以下几种。

1. 主景与配景

景观有主景与配景之分，主景是园林设计的重点，是视线集中的焦点，是空间构图的中心；配景对主景起重要的衬托作用，所谓红花还得绿叶衬，正是此道理。

在设计时，设计师为了突出重点，往往采用突出主景的方法，常用的突出主景的方法有以下几种。

（1）主景（主体）升高（图 4-2-1）

图 4-2-1　主景升高

（2）轴线焦点

将主景置于轴线的端点或几条轴线的交点上。

（3）空间构图重心

将主景置于几何中心或是构图的中心处。

（4）向心点

水面、广场、庭院这类场所具有向心性，可把主景置于周围景观的向心点上。例如，水面有岛，可将主景置于岛上。

2. 层次与景深

景观就空间层次而言，有前景、中景、背景之分，没有层次，景色就显得单调，就没有景深的效果，这其实与绘画的原理相同，风景画讲究层次，造园同样也讲究层次。一般而言，层次丰富的景观显得饱满而意境深远，中国的古典园林堪称这方面的典范（图 4-2-2）。

图 4-2-2　层次丰富的景观

3. 敞景与隔景

敞景，即景物完全敞开，视线不受任何约束的景观。敞景能给人以视线舒展、豁然开朗的感受，景观层次明晰，景域辽阔，游人容易获得景观整体形象特征，景观也容易激发人的情感。

隔景，即借助一些造园要素（建筑、墙体、绿篱、石头等）将大空间分隔成若干小空间，从而形成各具特色的小景点。隔景能实现小中见大的景观效果，能激起游人的游览兴趣。

在景观设计中，隔景的处理方式主要有三种：实隔、虚隔和虚实并用。

实隔是一种常见的隔景手法，它主要通过实体元素，如石墙、山石林木等来实现，这些实体元素不仅具有阻隔视线的功能，可以有效地限制人们的活动范围，同时也能够加强私密性，使人们在这个空间内感到更加安全和舒适。此外，实隔还能够强化空间领域感，使每个空间都有其独特的氛围和特色。虚隔是另一种常见的隔景手法，它主要通过空洞、漏窗等元素来实现。与实隔不同，虚隔只是不能让人通过，但是游客的视线不受过多的限制，可以通过虚隔设施看到周边的景致。这种设计使得各个空间之间既有一定的隔离，又能够相互流通和补充，使空间产生了一种延伸感。虚实并用的隔景手法是一种更为复杂的设计方式，它结合了实隔和虚隔的优点，既能够实现空间的隔离和私密性，又能够保持空间之间的联系和流动性。通过这种方式，设计师可以获得景色情趣多变的景观感受，使人们在欣赏景观的同时，也能够感受到空间的丰富性。

4. 借景

设计师可以通过对视线和视点的巧妙组织，把园外的景物"借"到园内可欣赏到的范围中来。借景能拓展园林空间，使空间变有限为无限。借景因视距、视角、时间的不同而有所不同，常见的借景类型有以下几种。

（1）远借与近借

远借就是把园林景观远处的景物组织到近处来，所借之物可以是山、水、树木、建筑等（图4-2-3）。

图 4-2-3　远借

近借就是把邻近的景色组织进景观中来。周围环境是邻借的依据，周围景物只要能够利用的都可以借用。

（2）仰借与俯借

仰借和俯借都是通过利用人的视线来借取园外风景的借景手法，可以增加园林的观赏价值。

仰借是利用园外的高大建筑物或山峰等自然景观，为游客带来壮观的视觉效果。通过仰视，游客可以感受到这些高大景物的壮丽和威严，从而增加了园林的观赏深度和层次感，应用的典型景观，如北京的北海港景山。

俯借则是一种更加直观的手法，它能够让游客站在高处俯瞰整个园区或周边环境。通过俯视，游客可以一览无余地看到园外的风景，感受园林与周围环境的融合，从而增加了园林的开放性和包容性，如江湖原野、湖光倒影等。

（3）因时而借

因时而借指借时间的周期变化，利用气象的不同来造景，如春借绿柳、夏借荷池、秋借枫红、冬借飞雪，朝借晨霭、暮借晚霞、夜借星月。

（4）因味而借

因味而借指借植物的芳香来造景。很多植物的花朵都有香味，如含笑、玉兰、桂花等植物。设计师可借植物的芳香来表达匠心和意境。

5. 框景与漏景

框景就是利用窗框、门框、洞口、树枝等形成的框来观赏另一空间的景物的造景手法。由于景框的限定作用，人的注意力会高度集中在其框中画面内，有很强的艺术感染力（图 4-2-4）。

漏景是在框景的基础上发展而来，与框景不同，漏景是利用窗棂、屏风、隔断、树枝的半遮半掩来造景的方式。框景形成的景清楚、明晰，漏景则显得含蓄（图 4-2-5）。

图 4-2-4　框景

图 4-2-5　漏景

6. 对景

对景，即两景点相对而设。设计师通常会在重要的观赏点有意识地组织景物，使其形成各种对景；其特点为，此处是观赏彼处景点的最佳点，彼处亦是观赏此处景点的最佳点，如留园的明瑟楼与可亭就互为对景，明瑟楼是观赏可亭的绝佳地点，同理，可亭也是观赏明瑟楼的绝佳位置。

7. 障景

障景，即是那些能抑制视线、引导空间转变方向的屏障景物，起着欲扬先抑，欲露先藏的作用。像建筑、山石、树丛、照壁等都可以用作障景。

8. 夹景

夹景就是利用建筑、山石、围墙、树丛、树列使整个空间形成较封闭的狭长空间，从而突出空间端部的景物。夹景所形成的景观透视感强，富有感染力。

9. 点景

点景，即在景点入口处、道路转折处、水中、池旁、建筑旁，利用山石、雕塑、植物等成景，增加景观趣味。

10. 题咏

中国的古典园林常结合场所的特征，对景观进行意境深远、诗意浓厚的题咏多为楹联匾额、石刻等形式，如济南大明湖亭的"四面荷花三面柳，一城山色半城湖"，沧浪亭的"清风明月本无价，近水远山皆有情"，等等。

诗文在园林中能够起到多种重要的作用，它能够概括主题，为园林赋予深刻的内涵和意义。通过选取恰当的诗句或文句，设计师能够将自己的设计理念和主题思想融入其中，还可以将自然景观与人文景观相融合，使园林成为一个富有诗意和哲理且充满生机和活力的艺术品。

（三）园林空间的形式处理

对于空间，老子曾说过，埏埴以为器，当其无，有器之用。凿户牖以为室，当其无，有室之用。故有之以为利，无之以为用。[①] 意思是说：糅合陶土做成器皿，有了器具中空的地方，才发挥了器皿的作用。开凿门窗建造房屋，有了门窗四壁内的空虚部分，才发挥了房屋的作用，所以，"有"给人便利，"无"发挥了它的作用。

对于建筑空间而言，它是由地板、墙壁、天花板三个要素限定的；而对于室

① 刘源，王翠凤，蒋晓春. 艺术设计的理论基础与技术方法 [M]. 长春：吉林科学技术出版社，2021.

外园林空间这一类的空间而言，由于缺少了天花板这一要素，它大多时候是由地面和"墙壁"（建筑的外墙、起伏的地形、绿篱、景墙、发挥着墙壁作用的树丛）这两个要素限定的，或由地面这一要素单独限定的，当然，也有三个要素共同限定的空间，如植物的树冠很大时，就发挥着天花板的作用。

园林设计的核心就是利用各种造园要素，在满足功能要求、审美要求的基础上，配合四季的变化、昼夜的更替及雨露霜雪等气候条件去创造适宜的空间，再结合空间内特有的物质要素，去构成具有特定意义的园林场所，从而达到满足人们不同的休闲需求的目的。

1. 功能与园林空间形式

从哲学层面上来看，内容决定形式，而功能作为人们建造园林的一个重要目的，理所当然的是构成园林内容的一个重要方面。因此，功能对园林形式起着重要的决定作用。功能存在差异，空间形式也必定存在差异；换句话说，就是功能对于空间形式具有制约性。因此，在处理空间时一定要重点考虑空间的功能。

（1）功能对于单个园林空间形式的制约性

针对单个园林空间而言，功能对于空间的制约主要表现在三方面：尺度、形状、质。

①空间的尺度。使用功能不同，对空间的尺度要求肯定不同。例如，一个集散的广场和一个供人沉思的静谧休闲区，从面积的角度来看，前者通常达到上千平方米，而后者最多几十平方米。

②空间的形状。功能对于空间的形状同样具有制约性。例如，一个纪念性的园林往往需要规则的形状，而一个儿童游乐场往往需要不规则的、自由活泼的形状。

③空间的质。空间的质涉及日照、通风、交通等条件。不同的功能对于空间的质的要求也是不同的。例如，一个晨练的空间对东侧的要求比较高，最好能有柔和的阳光从东侧进入，所以东边需敞开；而一个空间如果要避免日晒的话，需要在西侧布置高地形或种植高大的植物。如果一个空间的公共性要强，那么就需要设计成开敞空间；如果一个空间的私密性要强，那么就要设计成较封闭的空间。

（2）功能对于多个园林空间组合形式的制约性

众所周知，很多园林都是多功能的，如公园，它具有休闲、娱乐、教育、健身、运动等多种功能。为了满足不同的功能要求，就需要设计多个园林空间。那么功能对于多个园林空间组合形式是如何制约的呢？从对空间起制约作用的功能角度来看，不同的功能之间存在着三种类型的关系：兼容的、不相容的、需要分隔的。例如，在公园的各功能中，运动和健身这两个功能联系紧密，可以说是兼容的，而运动和科普展览这两个功能联系不相关，甚至运动对科普展览还存在着干扰性，可以说是不相容的。因此，在组织空间时，必定应将功能上兼容的、联系紧密的空间布置在相邻位置，而功能上不兼容的、联系不紧密的空间应该远距离布置。

从上述分析可知，功能联系的特点对于多个园林空间的组合形式具有制约性。因此，在处理多个园林空间的组合形式时，一定要重点考虑功能联系的特点。

从逻辑学的角度，根据功能联系特点，多个园林空间的组合形式主要有：序列型、分枝型、中心型、网络型。

2. 艺术性与园林空间形式

艺术性是指事物不仅要通过其外在形式表现出美感，而且要通过它的艺术形象深刻地表现出某种思想内容，要能够给人强烈的艺术感受，使人产生感情上的共鸣。对于园林而言，不仅要满足空间功能的要求，而且要具备美的形式和艺术感染力，以满足人们的视觉审美需求和精神感受需求。

下面就从艺术性方面来探讨单个园林空间及多个园林空间组合的形式处理。

（1）单个园林空间的形式处理

①空间的尺度。针对园林空间这种外部空间的尺度设计，日本建筑师芦原义信根据其研究曾经提出过两个著名的假说。

第一条假说为，外部空间可采用内部空间 8～10 倍的尺度，称之为十分之一理论。他提出，日本式建筑四张半席的空间是小巧、宁静、亲密的空间，如果要在外部空间也获得如此的空间感受，宜将尺寸扩大到 8～10 倍，即长、宽都在 21.6 米～27 米范围内的外部空间被认为是较亲密、舒适的外部空间。可以发现，这个尺度正好是人们可以互相识别对方脸部的距离。第二条假说为，外部空间可采用行程为 20 米～25 米的模数，即外部模数假说。芦原义信认为每 20 米～25 米要么有高差的变化，要么有材质的变化，要么有节奏的变化，等等。这种手法可以打破大空间的单调感，容易使空间生动起来，是一种使外部空间接近人的视觉尺度的一种假说。

②空间的形状。空间的形状不同，给人的感受也不同。例如，细而长的空间有深远感，让人产生向前的动力，诱导人产生一种期待和寻求的情绪；低而宽的空间使人产生向四周延展的感觉；四周高中央低的外部空间让人产生一种向心、内聚的感觉；四周低中央高的外部空间从远处看能吸引人的视线，能够成为环境中的焦点，但是如果置身于这样的空间中，又自然地感到一种外向性，让人产生一种向四周扩散的感觉。

③空间的围、透处理。从艺术性的角度来看，空间的围、透也很有讲究。如果场地某侧有优美的环境，应当采取透的方法，如果某侧视觉效果差，应当采取围的方法。通过围、透的处理，设计师能够有计划地将人的视线引向美好的风景，从而增加空间的艺术感染力。

（2）多个园林空间组合的形式处理

人们在使用园林的时候，不可能只使用一个空间而不涉及其他的空间。人们会沿着道路系统经过一系列的空间，因此，多个园林空间组合的艺术感染力也显得尤为重要。多个园林空间组合的艺术性处理可归纳成以下几个方面。

①空间的对比与变化。两个相邻的空间在满足各自功能要求的情况下，通过合理设置，进行强烈的对比，就能够显现出各自的特点，使观者在观赏过程中产生一种突变的快感。在园林设计中，常用的空间对比手法有大小的对比、形状的对比、开敞与封闭的对比。

②空间的重复与再现。空间的重复能够使景观有较好的秩序，但是，如果处理不当，往往会让人感到单调乏味，但是若在重复中又考虑变化，即将相同的空间分隔开或分散于各处，通过这种再现的手法，使重复空间不是相邻的出现，而是交替的出现，那么人们就不能一眼就看出它的重复性，而是通过回忆才能感受到空间的再现，这样也能使人获得较强的节奏感。

③空间的衔接与过渡。空间的衔接与过渡处理对于两个相邻的大空间来说显得尤为重要，如果没有衔接和过渡，观者在观赏过程中容易觉得突然；如果在两个空间之间布置一个像建筑的门廊——联系建筑内部与外部的这类过渡空间（灰空间）的话，就不会显得突然；它一方面可以起到收束空间的作用，另一方面可以用来加强空间的节奏感。

过渡性的空间可以没有具体的使用功能，相对于它所衔接的两个空间要尽量小一些，应该兼具两个相邻空间的特点。

④空间的渗透与层次。空间与空间之间如果彼此没有渗透，那么人的视线就会被限制，空间的层次感就会很弱；如果空间彼此渗透，相互因借，空间的变化就多，层次感就强。

⑤空间的引导与暗示。受道家哲学思想的影响，中国的传统园林讲究含蓄，因此，设计师会特意将一些景点布置在比较隐蔽的地方而避免一览无余，这就需要在空间处理时对人流加以引导和暗示。设计师可以利用蜿蜒的道路、汀步、踏步、弯曲的景墙、有强烈方向性的地面铺装等处理手法。

⑥空间的序列与节奏。人们在欣赏园林的时候，需要一个空间接着一个空间去浏览，是一个动态的、连续的过程，当逐一地看到各个空间后，人们才能对园林形成整体的空间印象。

空间的序列和节奏实际上是针对全局的空间处理而言的，相对于上述几种手法，它处于统筹、支配、协调的地位。

空间序列的组织既要协调一致，又要充满变化，要有起有伏、有开有合、有收有放、有抑有扬、有高潮有低潮、有重点有一般、有发展有转折，也就是要具有鲜明的节奏感，这就得借助前面提到的空间的对比与变化、空间的重复与再现、空间的衔接与过渡、空间的渗透与层次、空间的引导与暗示这些手法来实现。

设计师应该依据空间具体的功能、造园的目的、园林的大小等来选择空间的形式及空间节奏的处理方法。

二、园林景观布局

（一）园林景观立意及意境创造

1. 园林景观立意

园林景观立意是指园林景观设计的总意图，即设计思想。无论中国的帝王宫苑、私人宅园，或国外的君主宫苑、地主庄园，都反映了园主的设计思想。

（1）神仪在心，意在笔先

晋代画家顾恺之在《论画》中提到，巧密于精思，神仪在心。意思是造园和绘画有着异曲同工之妙，在开始之前都要仔细斟酌，在心里事前构建起指导行动的指导思想，正所谓"意在笔先"。园林景观设计中"立意"和"相地"是重要的两方面，这两方面紧密相关又相互影响。明代杰出的园林景观设计师计成在《园冶》中提出，相地合宜，构园得体。这一理论强调了园林景观设计中"相地"的重要性，即园址的选择。在园址的选择过程中，园主要结合自己的建园立意，对意向园址的自然条件、社会状态和周边环境进行综合考量和筛选。可以看出，"相地"与"立意"在园林景观的设计中是密不可分的关系，同样都是园林设计的前期工作。

（2）情因景生，景为情造

造园的核心在于创造景观，这不仅展示了设计师对园林主题和理念的理解，更能营造出触动人们情感的氛围。理想的园林景观应具有诗情画意，不仅要有美丽的景色，更要运用巧妙的光线和色彩等手法对布置的景点进行渲染，营造出一种富有诗意的氛围，这样可以使游客触景生情，沉浸其中。苏州古典园林中的沧浪亭是园内的一座四方亭，其上对联为清风明月本无价，近水远山皆有情。正是这"清风明月"和"近水远山"的美景激起了诗人的情感。

由此可见，通过园林设计师的精心设计和施工，可以将园址选择、基地条件和设计主题思想有机地融合在一起，运用自己的专业知识和创造力，将抽象的概念转化为具体的设计方案，进而创造出独特而美丽的园林景观。

2. 园林景观意境的概念

园林景观意境指通过园林景观的形象反映的情意使游赏者触景生情，产生情景交融的一种艺术境界。

园林景观的意境是通过实际景物与空间的融合构建而成的，强调的是整体性和连续性，而非单一的视觉元素。这种整体性的营造使得游人在欣赏园林景观时能够感受到一种连贯的氛围和情感。设计师通过运用借景、映景等手法，将园林景观与周围的自然环境相融合，使得游人在欣赏园林景观的同时，也能够感受到大自然的美丽和神奇，这种景外之景的创造为游人带来了更加丰富的美感体验，使他们能够更好地融入园林景观中。同时，通过借鉴文学作品中的描写和绘画作品中的表现手法，设计师也可以更好地表达园林景观的意境和情感，为园林景观增添更多的艺术魅力。

东晋时期，人们崇尚自然，人们对自然的热爱和追求达到了一个新的高度，他们开始将自然景色融入艺术创作中，以表达对大自然的敬畏和赞美之情。随着这种文艺思潮的影响，园林景观设计的主导思想也发生了重大变化，传统的园林设计主要以建筑为主体，注重人工构造和布局，而在这个时期，人们开始更加注重自然山水的表现，他们将山水元素引入到园林设计中，通过模拟自然山水的形态和特点，创造出更加贴近自然的景观效果。由此，产生了园林景观意境这个概念。如东晋简文帝入华林园，对随行的人说，会心处不必在远，翳然林水，便有濠、濮间想也……[1]

魏晋南北朝时期的陶渊明、王羲之、谢灵运、孔稚圭，唐宋时期的王维、白居易、柳宗元、欧阳修等都是园林景观意境文学创作的代表人物。田园诗人陶渊明用"采菊东篱下，悠然见南山"来体现恬淡的意境，山水诗人王维建造了被誉为"诗中有画，画中有诗"的辋川别业。元、明、清的园林景观创作大师，如倪云林、计成、石涛、张涟、李渔等人都是集诗、画、园林景观设计诸多方面艺术修养于一身的，他们都发展了园林景观意境创作。

3. 园林景观意境的特征

在园林景观设计中，设计师通过对自然物的观察和理解，将自然界的美景与人类的情感相结合，创造出一种独特的艺术表达方式，他们通过选择适合的植物、石头、水景等元素以及精心设计的路径和建筑结构，创造出一个与自然相融合的空间。这个空间不仅仅是一个物理的存在，更是一种情感的寄托和交流的场所，当客观的自然景观与人的主观情意相互统一、相互激发时，就会创造出一种独特的意境，这种意境具备的特征为随着时间的变化而变化，这种变化包括季相、时相、龄相、气象和物候等多方面。季相是指不同季节中植物的生长状态和景观表现；时相是指一天中不同时间段的景观表现；龄相是指植物在不同生长阶段的表现；气象和物候也是影响园林景观意境的重要因素。天气的变化会给园林景观带来不同的环境氛围和效果。关于意境的演变，设计师应该将反复出现的情景作为主体，并且要使该情境的意境表达处于完美状态。这种近乎完美的状态不会长期存在，有的甚至是一瞬间，但是即便这样，也会在观赏者的心里留下极其深刻的印象，成为传唱千年的经典，即计成所著的《园冶》中的"一鉴能为，千秋不朽"。

---

[1]　陈传席.陈传席文集.续集：1—5[M].天津：天津人民美术出版社，2021.

例如，杭州的"平湖秋月"和"断桥残雪"，扬州的"四桥烟雨"等，只有在特定的季节、时间和特定的气候条件下，才能充分发挥其感染力。这些主题意境的最佳状态，从时间上来说虽然短暂，但受到很多赞赏。

中国园林景观设计艺术是一门独特而精妙的艺术形式，它融合了多种艺术元素，意境是其核心所在。意境是指通过综合艺术效果唤起游人的情感共鸣和记忆联想，使其产生深刻感受的情境。在中国园林景观设计中，意境的创造是至关重要的，它能够赋予园林景观独特的魅力和吸引力。

设计师注重将自然元素与人工造景相结合，使景观有一种与自然相融合的美感，运用山水、花草、建筑、雕塑、人文艺术等元素，通过巧妙的组合和安排，营造出一种宁静、和谐、优美的氛围。这种氛围能够让游人感受到大自然的力量和美丽，引发他们对自然的思考和感悟。对意境的极致追求，也使得中国园林景观具有丰富的内涵，在世界园林艺术史上留下浓墨重彩的一笔。

4. 园林景观意境的创造

中国古代艺术创作中的一个重要概念——意境，其不仅仅是对客观世界的形象描绘，还可以通过这些形象来表达艺术家的思想和情感，它在诗词、绘画和园林景观中有着广泛的应用。在中国古代艺术中，意境的创造是一种高级的艺术手法，它不仅要求艺术家具有深厚的艺术功底，还要求他们具有丰富的生活经验和深厚的人文素养。只有这样，才能创造出既有形象感又有思想深度的艺术作品。

在园林景观设计中，意境的创造尤为重要。古典园林景观可以通过清风明月、浅池碧水等元素展现雅趣、旷远、疏朗、清新的园林风格，进而构造相应的意境。设计师在进行园林建造时，将自己的思想精神以景物为载体进行体现，使游人在观赏的过程中产生情感的共鸣。对园林景观艺术魅力的理解，需从整体意境出发，理解其中的哲理和人生态度。只有这样，才能真正领略到中国古代园林景观艺术的魅力，感受到其中蕴含的深厚文化底蕴。

（1）象征与比拟

仁者乐山，智者乐水。古人给予了山和水美好的象征，把人们追求的高尚品德和宝贵素质赋予了山和水。这种比喻不仅是一种哲学思想，也是一种园林景观设计的理念。这种将自然万物比作人类追求的美好品德和志趣的方法同样被广泛地应用在园林景观设计中。

在园林景观设计中，堆山筑池不仅仅是为了创造美丽的景色，更是为了传达一种深刻的哲学思想。山象征着坚韧不拔、崇高壮丽的品质，而水则代表着柔韧、流动和智慧。通过堆山开池的设计，人们可以感受到山的威严和水的灵动，从而引发对美德和智慧的思考和追求。秦始皇在咸阳引渭水作长池，在设计中引入了水中筑岛造山以象征仙岛神山的概念，并祈求福祉。这一创新的设计被后世广泛采纳，如汉朝长安城建章宫的太液池、唐长安城大明宫的太液池、元大都皇城内的太液池及清朝的圆明园和颐和园等，都复制了这一设计，彰显了古人对山水的尊崇。

古人将儒家思想与自然界的植物相结合，赋予了苍松、梅花和竹子高尚、纯洁和坚韧的优秀品质。作为在中国文学和绘画中被经常描绘的岁寒三友，它们是中国传统文化中君子的象征，它们代表着中国古代文人士大夫对于高尚品格的追求和崇尚。在园林景观设计中，人们常常将这三种植物种植在一起，以营造一种高雅、清新的氛围。

（2）追求诗情画意

园林景观的美感与设计师的文化素养密切相关，这一点在许多著名园林中都得到了体现。这些园林的设计师都有共同的特点，都在文学和绘画上有较强的造诣，他们能够通过绘画的方式将自然景观的美妙之处表现出来，并将其融入园林设计中。园林景观的创造灵感往往源于文学思考，设计师从文学作品中汲取灵感，将其中的情感和意境融入园林的设计中，创造出具有文化内涵的园林景观，使人们在其中感受到诗意和艺术的魅力。

中国园林景观设计自古就与绘画艺术紧密相连，这种设计方式追求与自然山峦的神似，而非仅仅追求规模上的一致。例如，通过以土为峰的方法，可以展现出群峰蔽日、层峦叠嶂的景象，使人们仿佛置身于大自然之中。在"理水"方面，设计师追求对自然的完美复刻，尽量创造出一种原始而野趣的感觉，如曲折自然的河岸设计，不规则的砌石等。设计师在设计园林中的大型水体景观时，会构建相对独立的大片水域，来展现镜湖烟波浩渺的气象，给人一种宽广开阔的感受；而对小型水体景观的设计则会用鹅卵石进行不规整的岸边铺设，配上细竹野藤、朱鱼翠藻，呈现出丰富的层次感，并且给人汪洋无尽的印象，让人感受到水的无穷魅力。

　　园林景观除了给观赏者带来具体化的体验，如欣赏和居住，还富含深厚的文化内涵，是园主思想精神追求的外化表现和志趣追求的理想表达。作为中国园林艺术的代表——私家园林，在这方面具有代表意义，体现了园主的审美追求和生活理念。尤其是在文人雅士寻求修心养性的理想场所，更能感受到淡泊明志、宁静致远的意境。

　　园林景观之所以被赞誉为高雅艺术，是因为它展现了园主深厚的艺术修养与独特个性。造园者以诗情画意为创作灵感，通过诗词歌赋描绘景色、营造意境。这些优美的题咏，如景点名称、建筑楹联等，不仅美化了景观，更彰显了园主的品位与情趣。园林景观不仅仅是一种美丽的自然景观，更是一种艺术的表达和文化的传承。

　　苏州园林以其独特的设计理念和精湛的技艺而闻名于世。白色的墙面是苏州园林中常见的元素之一。这种白色的墙面不仅能够反射阳光，营造出柔和的光线效果，还能够与周围的自然景观相互映衬，使园林与周围景观形成一个和谐统一的整体。然而，仅仅依靠白色的墙面是无法满足人们对美的追求的。因此，苏州园林的设计师巧妙地运用了丰富的色彩、光影和景观造型来优化园林的视觉效果，通过精心选择和搭配各种植物、花卉和小品，使园林呈现出丰富的色彩，这些色彩不仅能够增添园林的生机和活力，还能够与白色的墙面形成鲜明的对比，使整个园林更加生动有趣，这些细节设计都体现了绘画技法在园林设计上的应用。简言之，画中寓诗情，园林景观渗画意，诗情画意就成了构园的重要原则。济南大明湖有一副对联：四面荷花三面柳，一城山色半城湖，高度概括了大明湖和济南市的景色。

　　园林景观设计师在设计过程中，始终秉持着因地制宜的原则，根据不同的地理环境和文化背景，创造出独具特色的园林景观，这些景观虽然风格各异，但都经过精心设计，使得游人无论身处何处，眼前都会呈现出一幅优美的画面。中国园林景观的设计充满了诗情画意，设计师通过巧妙地安排近景远景的层次，使得整个园林空间呈现出丰富的层次感；设计师还注重亭台轩榭的布局，使其不仅与周围的环境相协调，还能为游客提供一个休憩的场所；假山池沼的配合也是中国园林景观的一大特色，它们不仅增添了园林的美感，还能营造出一种和谐的氛围。中国园林景观中的每一个元素都承载着丰富的文化内涵，它们的存在不仅仅是为了美化环境，更是为了传承和弘扬中华民族的优秀传统文化。因此，在欣赏园林景观的过程中，游人应该用心去感受其中的文化气息，去体会设计师对于自然和人文的独特见解，这样才能了解中国园林艺术的魅力。

（3）汇集各地名胜古迹

无论是皇家还是私人的园林，都倾向于在设计中引入名胜古迹的元素。这种现象表明，不同的设计师可能会选择相同的景点作为灵感来源。这种共享的设计元素不仅为后人提供了通过比较和分析发现并理解这些园林背后的共同文化和历史背景的方式，同时也反映了设计师们对于传统文化的尊重和借鉴。

在中国的传统文化中，山被视为崇高、神圣的象征，而五岳作为中国最著名的山脉，更是被赋予了特殊的意义。在苏州的私家园林中，设计师会用山石塑峰来代表五岳。随着时间的推移，人们对五岳石峰更加推崇，对山石精心雕琢和打磨，人们将其放入盆中，并辅以装饰，置于几案之上，使得五岳的美景呈现在人们的居所里。

杭州西湖的十景是受中国古代文人墨客赞美的美景，这些景点以其独特的自然风光和文化底蕴吸引着无数游客前来观赏。圆明园作为同样闻名遐迩的皇家园林，对西湖三潭印月、平湖秋月等景观进行了复刻仿建。江苏省镇江市的江天寺，有一座佛塔高耸入云，庄严肃穆，是镇江市的象征之一，它不仅是佛教信仰的象征，也是镇江历史文化的重要见证，每年都有许多信徒和游客前来朝拜和参观。值得一提的是，江天寺与白娘子战法海的传说有着密切的联系，江天寺因其所处之地为金山，又名金山寺，而这金山正是白娘子与法海大战时的战场。基于此，承德避暑山庄建造了一座金山的仿制景观。

江南一带，每年的农历三月初三这一天，人们都会纷纷涌向城郊的游乐场所，享受着春天的美好。这个传统已经延续了很长时间，成了当地人的一项重要活动。在这个特殊的日子里，古代许多文人墨客也会聚集在一起，共同赋诗作画。最著名的就是"书圣"王羲之在一次与好友的游玩中，写出了《兰亭集序》，使得兰亭成为著名的人文景观，而文中描述的"曲水流觞"也成了世人追求的风雅之事。因此，在北京紫禁城的宁寿宫花园和承德避暑山庄，也兴建了曲水流觞亭，引入了兰亭的文化历史内涵。将名胜古迹，人文胜景引入园林，不但可以让观赏者欣赏到美丽的景色，还能够使其感受到浓厚的文化氛围。

（4）寺庙古刹与街市酒肆

在中国皇家园林的景观设计中，寺庙建筑的引入源于封建帝王对佛教的虔诚信仰和其独特的视觉效果。寺庙可作为园林的主要景点和风景构图的核心，其宁静祥和的氛围具有超凡脱俗的意境。北海公园的永安寺，以及颐和园的佛香阁、智慧海佛殿等佛教景观建筑，凭借其鲜明的形象和特殊的地理位置，成为这两座皇家园林的象征和全园风景构图的灵魂所在。

颐和园后溪河上的买卖街有着另一种风格，同样展现出独特的魅力。尽管这些店铺和招幌只是布景式的装饰，但它们却让皇家感受到了普通人的生活乐趣，也让他们更加了解和亲近人民，整个买卖街充满了生机和活力，让人仿佛置身于一个繁忙而热闹的城市中。

中国的园林景观是一种独特且高度完善的古典艺术形态，它不仅仅是一种视觉的享受，更是一种文化的传承。这种艺术形式融合了多种艺术元素，如绘画、雕塑、建筑、诗歌和音乐等，形成了一种独特的艺术风格。理解中国园林景观的内涵，则需要人们深入研究和欣赏其艺术风格和设计理念，这不仅需要欣赏者有艺术的眼光，更需要其有较高的理解力和感悟力。只有这样，人们才能真正理解和欣赏中国古代园林景观的美，才能真正感受到中国传统文化的魅力。

园林景观意境是文化素养和情感表达的结合，其创作的核心在于传承传统文化并提升情感素质。技法只是辅助，它会随着时代的变迁而不断更新迭代。创作融情入境的园林景观意境的方法，具有中国独特的印记和深厚的文化底蕴。园林景观意境创作可分为三个方面。

首先，需要进行"体物"。这意味着创作者需要深入调查研究所要表达的情感与要建造的景观，以了解它们适合哪种意境。通过对环境的细致观察和感受，创作者能够更好地把握其蕴含的情感和意义，如人们常将古柏比作将军、象征坚贞；以柳丝比喻女性、象征柔情；以花朵比喻儿童或美人。若比、兴不当，就不可能完美地通过实物传达出创作者的情感追求。此外，观察事物要结合情感，细致入微，尽力做到表达贴切，如以石块象征坚定性格，而卵石、花石不如黄石、磐石，因其不仅在质，而在形。这种观察过程需要创作者具备敏锐的观察力和深厚的文化底蕴，以便能够准确地捕捉到环境的细节和情感。

其次，"比"与"兴"是园林景观意境创作的重要手法之一。这一概念源于先秦时期的审美理念，强调通过实物与景象来抒发、寄托、表现和传达情意。创作者可以通过对景物的描绘和塑造，以及对其与其他元素的对比和联想，来创造出丰富的意境。《文心雕龙》对比、兴的释义：比者附也，兴者起也。"比"是借他物比此物，如兰生幽谷，不以无人而不芳，这是一个自然现象，可以比喻人的高尚品德；"兴"是借助景物以直抒情意，如在"柳塘春水漫，花坞夕阳迟"的景中，怡悦之情油然而生。

最后，"意匠经营"是园林景观意境创作的关键环节。在这一阶段，创作者需要根据立意规划园林布局，剪裁景物，以丰富意境。这需要创作者具备良好的审美眼光和创造力，能够将不同的元素有机地融合在一起，形成统一而富有张力的整体效果。同时，创作者还需要注重细节的处理，通过精心地布置和安排，使每一个景物都能够恰到好处地展现出其所蕴含的情感和意义。

（5）分割空间，以意境单元的串联创造整体园林景观意境

空间分割是指在一个连续的空间中，通过某种方式将其划分为若干个独立部分的做法，这些部分可以是物理的，也可以是心理的。物理的空间分割可以通过建筑物、树木、水体等元素来实现；心理的空间分割则通过设计手法，如光影、色彩、材质等，使人产生分割空间的感觉。意境单元是指在园林景观中具有一定主题和情感表达的部分，它可以是一个花坛，一片草地，一座亭子，或者一条小径。每个意境单元都会给人一个独立的视觉感受和感知体验，它们通过某种方式相互关联，共同构成了整个园林景观的意境，如承德避暑山庄的山峦区层峦叠嶂、平原区芳草嘉树、湖泊区碧波荡漾；湖泊区又分为若干景区和景观，如西部的"长虹饮练""芳渚临流"；中部的"金莲映日"等。仅从题名看就能发现景区的丰富多彩、景观风貌各异。每进入一个景区，眼前就是一番新风景，让人感到"方方胜景，区区殊致"。

（6）运用诗词、匾额、楹联等营造园林景观意境

中国古典园林景观以其独特的艺术魅力吸引着无数游客。通过诗词、匾额、楹联等的巧妙运用，这些园林能创造出一种富有意境和情感表达的环境，让人仿佛置身于一个诗意的世界。中国古典园林景观常用精练而内涵丰富的文字来点明景题，深受文人雅士的喜爱，且在民间广为传诵，如"苏堤春晓""平湖秋月"等，诗句不仅能够描绘出园林的美景，还能够引发游客对自然景色的联想和感悟，使

人们更加深入地感知到园林的魅力。拙政园梧竹幽居亭的匾额为，梧竹幽居，楹联为"爽借清风明借月，动观流水静观山"，匾额不仅能够起到标识作用，还能够通过简洁而富有诗意的文字，为园林增添一份文化气息；而楹联则是一对对仗工整、意义深远的对联，常常悬挂在园林的门楣或廊柱上，这些楹联不仅能够展示出园林的主题和特色，还能够通过对比和呼应的方式，给游客带来一种别样的情趣体验。

诗词、匾额、楹联通常是用篆书或隶书书写的，它们以简洁而有力的笔触，将园林的名称或景点的特点展现了出来，还能够使游人通过联想和品味匾额、楹联，拥有别样的情趣体验。当游人在园林中漫步时，看到这些文字，不禁会想起与之相关的诗词、典故或历史故事，从而更加深入地理解和欣赏园林的美景。

（7）通过借景创造园林景观意境

借景的设计需要考虑园林景观整体布局和主题表达的需要，同时也要注重细节的处理和景观效果的营造。设计师通过巧妙运用借景手法，可以使古典园林景观更加丰富多彩，给人们带来美的享受和心灵的愉悦。因此，借景手法在园林设计中有着广泛的应用。

①借助声、形等作用于听觉、视觉等营造意境。中国古典园林景观以其独特的声、形等元素来创造意境，给人们带来了深刻的感受和体验。无论是惠州西湖的"丰湖渔唱"，还是杭州西湖的"南屏晚钟"，或是苏州留园的"留听阁"和南京愚园的"延青阁"，这些景点不仅取景贴切，而且通过声音、形态和色彩的外借，使游客能够在欣赏美景的同时，感受到传统文化的魅力和人与自然和谐共生的理念，它们都是我国古典园林景观中不可或缺的一部分，为人们带来了无尽的美好体验。

②借助光、影、色彩等创造意境。倒影和光影等景物构借方式在丰富景色和构成动人景观中起到重要作用，这些景物构借方式不仅仅是简单的视觉效果，更是一种艺术手法，能够为园林景观增添独特的魅力。

利用水中倒影为园林景观增加空间感和层次感。当阳光照射到水面上时，水中的倒影会与实际景物形成对比，创造出一种幻觉般的视觉效果。这种虚实相映的空间不仅增加了景观的层次感，还给人一种梦幻般的感觉，如颐和园乐寿堂前的什锦灯窗，每当夜幕降临，周围的山石、树木便退隐于黑暗中，仅窗中的光在湖面上投下了美丽的倒影，使人领略到岸上人家的意境。

植物是园林景观中不可或缺的元素，它们的色彩能够为整个空间增添生机和活力。无论是清新淡雅的主题还是雍容华贵的主题，植物的色彩都能够与之相得益彰，如承德避暑山庄中的"金莲映日"一景，在大殿前种植金莲万株，枝叶高挺，花径二寸余，开花时节，阳光漫洒，似黄金布地，甚为壮观。

③借助自然界的气候变化创造意境。同一景物在不同气候条件下，会呈现出不同的艺术风貌。自然界中的各种现象，如风霜雨露等，为设计师的艺术创作提供了丰富的素材，使艺术作品的意境更加深邃，富有趣味性。例如，真山水之云气四时不同：春融冶，夏蓊郁，秋疏薄，冬黯淡……

拙政园中的"荷风四面亭"和"待霜亭"，就是通过展现四季更替、时间流转的景象来体现造园者的艺术意境的。这些亭子的设计，不仅考虑到了实用性，更重要的是，它们将自然景色与建筑艺术完美地融合在一起，形成了一种独特的艺术风格。

意境是中国古典园林景观的灵魂。设计师通过精心的布局和细腻的手法将景物与情感融为一体，进而创造出了内涵丰富的意境。这种独特的魅力使园林景观引人入胜，令人回味无穷，无论是欣赏园林中的山水、建筑还是植物，人们都能够在其中感受到一种宁静、舒适和美好的情感。

（二）园林景观空间的组织

1.对空间的理解

园林景观艺术是一种独特的空间与时间相结合并共同产生作用的造型艺术。东西方对空间有着不同理解和诠释。西方科学家将空间视为一个三维向量的盒子，可以通过代数、几何和物理学等领域的知识进行严谨求证和研究；相比之下，东方文化受到佛教和道教思想的影响，将空间理解为虚无缥缈、无形无量的抽象概念。这种差异在视觉艺术中体现得尤为明显。西方园林景观艺术注重几何形象和景观之间明确的关系，强调对称、平衡和秩序感。例如，欧洲古典园林中的轴线、几何形状和规则的布局，都体现了西方对空间的理性认识和审美追求。东方园林景观艺术则强调不定性、模糊性和将有限空间营造为宏大空间的方式。在中国古典园林中，山水、建筑和植物等元素相互融合，形成了一种自然和谐、意境深远的空间意境。外国的教堂无论多么宏伟华丽，也总有局限性，而我国北京的天坛虽然围墙高筑，但当皇帝祭天时，围墙却在视域之外，看到的只是笼罩着自己的苍穹，此时天坛之大，如同宇宙，这是把有限空间处理为无限空间的最佳例子。山水画家能在二度空间里，用笔墨绘出大好河山。园林景观设计师能在三维空间内，通过巧妙运用土石等自然材料，创造出令人惊叹的咫尺山水的视觉效果，仿佛能够将游人带入一个真实的山川之中，让他们身临其境地感受到大自然的美妙。中国的设计师能够从细微之处洞察宏大，也能从宏大之中察觉细微，这种独特的空间意识是中国人特有的。宋代哲学家邵雍称自己的居所为"安乐窝"，两旁开窗称"日月牖"，正如杜甫诗云"江山扶绣户，日月近雕梁"。庭园中罗列峰峦湖沼，俨然一个小天地。人们把自然吸收到庭户内，可以达到以小观大的目的。中国画家、园林家能把大自然中的山水经过高度提炼和概括，使之跃然于咫尺之内，方寸之中，这就是以小观大，从某种意义上讲，中国的艺术家能从有限中感受到无限，又能从无限中回归有限。中国的画家和诗人是用心灵的眼睛来阅读空间万象的，用俯仰自得的精神来欣赏宇宙的，可以跃入大自然的节奏里去"神游太虚"。这种把自己心领神会的宇宙空间通过诗画及造园等表达出来的形式就是一种空间意识，是一种"目既往返，心亦吐纳"[①]的空间意识。

园林景观空间是一种独特的存在，它既不是封闭的建筑空间，也不是无边无际的大自然，却能够包罗万象，尽显寰宇气象。设计师巧妙地利用各种元素创造出既封闭又开放的空间，这些空间在静止与流动之间切换，通过廊、桥和园路，以及门和窗的连接，使得室内外空间完美融合。

东西方在空间观念上存在的差异还体现在尺度方面。具体来说，西方文化倾向于使用大的尺度来对建筑物进行建设，但是创造的空间确实有限，这种空间观念强调的是物质的界限和限制。然而，东方文化则喜欢通过小尺度来展现无垠广袤的空间，这种空间观念强调的是精神的自由和无限。东西方艺术文化的差异在中国传统的绘画方法中得到了生动的体现，中国画家在游览风景区后，会用写意方法表达其对风景全部印象，而西方风景画重在写实。此外，西方风景透视学注重线性透视和远近关系的表现，会通过线条的收敛和消失来创造深度感，而东方风景透视学则更加注重整体性和连续性，会通过散点透视的手法将景物有机地融

① 上海辞书出版社文学鉴赏辞典编纂中心.文学经典鉴赏.宋诗三百首 [M].上海：上海辞书出版社，2021.

合在一起，创造出一种空灵的意境，这种差异反映了东西方文化空间感知的不同和审美追求的不同。中国园林景观艺术将空间的时空统一性、广延性、无限性、不定性和流动性的观念融入其中，这些理论的应用不仅丰富了中国园林的视觉效果，也使人们在园林中能够感受到时间和空间的变化与流动，这些特点使得中国园林景观艺术具有独特的魅力和深远的影响

2.视景空间的基本类型

（1）开敞空间与开朗风景

开敞空间，即人的视线高于四周景物的空间，其风景被称为开朗风景。在此空间中，人的视线可自由延伸至远方，所见皆为平视风景，画面广阔，不用集中一点，因此，不会轻易导致视觉疲劳。古诗"登高壮观天地间，大江茫茫去不还"和"孤帆远影碧空尽，惟见长江天际流"便是对开敞空间与开朗风景的生动描绘。观赏开朗风景需观赏角度合理，视点的升降能取得特殊观赏效果。园林景观设计中的开敞空间颇多，如大湖面、广袤草原、海滨等。在开敞空间中，人们可感受到大自然的壮丽与宏伟，站在高处俯瞰大地，远处连绵起伏的山脉、广袤无垠的平原和蜿蜒曲折的河流尽收眼底，这些景色令人心旷神怡，仿佛置身于一个无边无际的世界之中。由此看来，开敞空间赋予了人们广阔的视野和无限的想象空间，在此空间中，人们可尽情欣赏大自然的美丽与神奇。此外，开敞空间还具有独特的艺术价值。在园林景观设计中，设计师常利用开敞空间创造出令人惊叹的艺术作品。例如，在大湖面上建亭台楼阁，让人们在其中欣赏湖水波光粼粼、倒映天空及周围景物的美景；或在广袤草原上种植金黄色麦田，风吹过麦浪时便形成一幅美丽画卷。这些作品不仅给人们带来视觉享受，还能激发人们对自然之美的思考与感悟。

（2）闭合空间与闭合风景

闭合空间是指人的视线被周围景物屏障的空间，其中所见的风景为闭合风景。屏障物的角度、游人和景物的距离及闭合空间大小与周围景物高度的比例关系都会影响空间的闭合性，从而影响风景的艺术价值。在设计和欣赏闭合空间时，人们需要综合考虑这些因素，以达到预期的效果。屏障物的顶部与游人视线所成角度越大，则闭合性越强，反之所成角度越小，则闭合性也越小。这也与游人和景物的距离有关，距离越小，闭合性越强，距离越远，闭合性越小。闭合空间的大

小与周围景物的高度比例关系决定了它的闭合度，影响着风景的艺术价值，一般闭合度在 6° 和 13° 之间，其艺术价值逐渐上升，当小于 6° 或大于 13° 时，其艺术价值逐渐下降。闭合空间的直径与周围景物的高度比例关系也能影响风景艺术效果，当空间直径为景物高度的 3～10 倍时，风景的艺术价值逐渐升高，当空间直径与景物高度之比小于 3 倍和大于 10 倍时，风景的艺术价值逐渐下降。如果周围树高为 20 米，则空间直径为 60 米～200 米较合适，如超过 270 米，则目力难以鉴别，这就需要增加层次或分隔空间。闭合空间予人以亲切感、安静感，近景的感染力强，景物历历在目，但空间闭合度如果小于 6° 或空间直径小于景物高度的 3 倍时，便有井底之蛙的感觉，景物过于拥塞而使人易于疲劳。在园林景观设计中常见的闭合空间有林中空地、周围群山环绕的谷地及园墙高筑的园中园等。

（3）纵深空间与聚景

纵深空间是一种通过巧妙布置景物来创造出强烈深度感和聚景效果的设计理念，它能够引导人们的视线，使主景更加突出，并创造出一种独特的氛围和情感体验。无论是在城市规划、景观设计还是室内设计中，纵深空间都是一种非常有价值的设计理念。

视景空间可以根据其尺度进行分类，主要分为大空间和小空间两种类型。大空间是指那些能够展现大自然壮丽景色的空间，它们通常具有广阔的视野和宏大的气势，这些大空间可以分为室外、半室内和室内三种类型；与之相对的是小空间，它们更贴近人的尺度，同样可以分为室外、半室内和室内三种类型。小空间通常指的是一些相对狭小的区域，如庭院、阳台、走廊等，在这些空间中，人们可以亲近自然，感受到大自然的细节和微妙之处。小空间的设计应该注重创造一个温馨、舒适和私密的环境，让人们能够在其中感受大自然的温暖。在园林景观规划设计中，通过合理的布局和设计，设计师可以使室外空间与室内外空间相互衔接，形成一个有机的整体。同时，还可以通过植物、水体、雕塑等元素的运用，使室内外空间的景物相互渗透，增加空间的层次感和丰富度。

3. 空间的组织

园林景观空间组织的目的是在保障空间功能需求的基础上，运用构图艺术和造景手法创造出丰富多样的景观。在进行景区或景点的划分时，需要突出主题并注重变化，以吸引人们的注意力。

为了根据人的视觉特性创造良好的观赏条件，使人们获得最佳观赏效果，设计师需要考虑以下几方面。首先，要合理规划景区或景点的位置和布局，使其与周围环境相协调，形成统一的整体。其次，要注意景物的大小、形状和颜色等元素的搭配，以及光线的运用，使景物在视觉上产生层次感和对比效果。最后，还可以通过设置景观小品、雕塑或植物等元素，增加景观的趣味性和吸引力。不同类型的空间各有特点和不足，只有按照艺术规律将它们组合成一个有机整体，统一呈现出来，才能体现出空间的整体意境、厚重的韵味和富有层次性的景观。例如，可以通过空间虚实、大小、开合和收放的对比，还可以运用曲线、对称或不对称等构图手法，这些艺术手段可以使景观进一步增强空间变化的艺术效果，反映出更加丰富的内涵。就像颐和园中有开敞的昆明湖，又有闭合的谐趣园；北海公园有开敞的北海湖面，也有闭合的静心斋和濠濮涧，开敞空间与闭合空间相互烘托，相得益彰。

有万园之园之称的圆明园是古典园林景观中空间组织的最佳例子。圆明园是圆明、长春和绮春三园的总称，以圆明园为主园。圆明园规模很大，是皇帝外朝内寝、游憩避暑和进行各种政治活动的场所。圆明园地处北京市海淀区，由于当地泉水充沛，有西湖、玉泉、西山诸多名胜，优美的风景富有江南情调，此地地势平坦且多洼地，因而在地形改造上适宜以水景为主，造景十分成功。

作为主园的圆明园全园共分两个景区，即以福海为主体的福海景区和以后湖为主体的后湖景区，两个主要景区的风景各有特点，福海以辽阔开朗取胜，后湖在于幽静。其余的地段分布着为数众多的小园和建筑群区。作为水园的圆明园，人工开凿的水面占全园面积的一半以上，园林造景大部分以水景为主题，水面是大、中、小相结合的，大水面福海宽600多米，中等水面后湖宽200多米，众多小水面宽度均在40米～100米，是水景的近观小品。回环萦流的河道把这些大小水面串联成一个河湖系统，是全园的脉络和纽带，在功能上，为舟行游览和水运交通提供了方便。水系与人工堆山、岛堤障隔相结合，构成了无数开朗的、闭锁的和狭长的，既静止又流通的空间系统，把江南水乡面貌再现于北方的土地上。这是人工造园的杰作，是圆明园的精华所在。

在圆明园中模仿西湖十景的景观有柳浪闻莺、雷峰夕照、南屏晚钟、三潭印月、平湖秋月等；取材于诗文意境的有夹镜鸣琴、武陵春色等。堆山约占全园面积的三分之一。人工堆山虽然不可能太高，但其中却有不少模拟的是江南名山。

圆明园的主园与附园之间的主从关系是很明确的。长春园是一座大型水景园，但理水的方式却不同于主园。主园利用洲、岛、桥、堤把大片水面划分成为若干不同形式、有聚有散的水域，构成了大小不一的、有聚有散、有开有合的连续的流通空间。由于风景都是因水成景的，水域的宽度一般在一二百米之间，能保证游人隔岸观赏的清晰视野。长春园总结了主园的经验，地形处理、山水布局更趋自然流畅，山水尺度更趋成熟。在长春园的北面有个风格迥异的欧式宫苑，即"西洋楼"，别具情趣。由于空间隔离得很好，所以它能以独立的体系存在于古色古香的圆明园中而互不干扰。

著名的现代公园杭州花港观鱼公园，有牡丹园、芍药圃、雪松大草坪、花港等景观，全园大小空间不下数十个，每个空间都能独立成为一个单元，具有不同于其他空间的景色特点。花港观鱼公园中的空间既相互区别，又相互联系，开合收放，衔接得十分自然流畅、富有节奏感，人们漫步其中，有进入音乐之境的美感。

4. 空间的分隔

（1）以地形地貌分隔空间

利用地形地貌来分隔空间是一种常见的设计手法，它能够创造出变幻莫测的空间形态和丰富的自然景观。设计师利用山丘划分空间时，需要开辟透景线，以便于人们欣赏到周围的美景；而用水分隔空间是一种虚隔的方式，在使用这一方法时，设计师需要设置堤坝或者架设桥梁，还可以将两者结合起来使用，方便人们通行。对于平地或者低洼地形，设计师要结合实际对其进行改造，使地形有利于空间分隔并保障绿地排水的功能，使植物有较好的生长环境，为人们提供阴凉和清新的空气，增加庭院的舒适度。

（2）以植物材料分隔空间

在自然式园林景观设计中，植物材料，如乔灌木被用于分隔空间，这种形式赋予了设计极大的随意性。通过乔木树隙，大小不同的空间相互渗透，形成了既隔又连的空间效果，层次丰富，韵味浓厚。以杭州花港观鱼公园的港湾区为例，该区域利用广玉兰、雪松等乔木将空间分隔成形状各异的区域，每个区域都朝向花港一面敞开，使得花港和小路两边的景色多变，展现出优美的景观效果。

园林景观的设计需要充分考虑植物的运用和地形的变化，通过巧妙地运用树木作为空间界线、创造富有韵律感的天际线和林缘线，以及运用障景、夹景或漏景等手法，可以使景观整洁明朗。这种设计方式不仅能够给人一种整齐有序的感觉，还能够增加景观的趣味性和变化性，使人们在其中感受到自然与艺术相结合的魅力。

（3）以建筑和构筑物分隔空间

古典园林景观习惯用云墙或龙墙、廊、架、楼、阁、轩、榭、桥、池、溪、涧、厅、堂、假山等，以及它们的组合形式分隔空间，从而使景观在空间的序列、层次和时间的延续中，具有时空的统一性、广延性和无限性。

（4）以道路分隔空间

在园林景观设计中，道路不仅仅是供人们行走的通道，它更是一种重要的设计元素。巧妙地利用道路，设计师可以将整个园区划分为若干个不同的空间，每个空间都有其独特的景观特色和功能。这些空间可以是密林、疏林、草坪、游乐区等，它们各自独立，又相互联系，共同构成了一个完整的园林景观。

综上所述，4种划分空间的方法只有综合运用，才能达到最佳效果。有些空间纯粹以道路为界，所有的空间都需要用道路联系，但只有在有变化的地形上种植乔木，空间分隔才能显示出最佳效果，如花港观鱼公园用起伏地形和多层次的林带以道路为界进行分隔，使两个风格迥异的空间并存于一个园林景观之中而互不干扰。在设计空间时，设计师需要考虑两个空间相互干扰的程度及景观的相互借鉴性，如果两个空间相互干扰较小，并且景观可以互相借鉴，那么就可以使用虚隔来进行分隔，虚隔可以是疏林、水面等元素，它们可以起到一种模糊分隔的作用，不会完全阻挡空间的连接和交流；相反，如果两个空间相互干扰较大，那么就应该使用实隔来进行分隔，实隔可以是密林、高埠等元素，它们可以起到一种明确分隔的作用，有效地阻止空间之间的干扰和冲突，通过使用实隔，设计师可以确保每个空间都能够独立存在，保持其独特的特点和功能。通过熟练运用虚隔和实隔，设计师可以创造出一个既连接又隔离、相互渗透和依存的空间整体，这样的空间不仅具有广延性、流通性和无限性，还能够体现出景观设计的艺术性。

5. 深度和层次

通过增加前景和背景，设计师能够为园林创造出更加丰富多样的画面效果。前景通常由花草树木、水池小桥等元素构成，它们为整个园林增添了生机和活力；而背景则由山石、建筑等高大的元素组成，它们为园林提供了一种宏大的背景支撑。这种对比鲜明的设计手法使得园林景观立体感十足，给游人带来了视觉上的享受。

在园林中设置假山、树障、漏窗、花墙等遮挡物，不仅能够起到遮挡视线的作用，还能够增加园林的神秘感和趣味性。游人在进入园林时，首先看到的只是一部分景色，这激发了他们的好奇心和探索欲望，随着不断深入，他们逐渐揭开了园林的面纱，看到了更多的美景。这种逐渐展现的过程，让游人感受到了园林的深远和广阔。

要使园林景观空间层次丰富，有深度，方法有以下几种。

（1）地形有起伏

在高低起伏的地形上要有制高点以控制全园景物。亭、台、楼、阁、高树、丛林及竹林等互相穿插，层层向上铺陈，可以丰富空间层次，增强空间的深度。

（2）分隔空间

分隔空间时，应使园中有园、景外有景、湖中有湖、岛中有岛。园林景观空间一环扣一环，庭园空间一层深一层，山环水绕，峰回路转。这种平面布局的方式可增强空间的深度。

（3）空间互相叠加、嵌合、穿插及贯通

相邻空间之间呈半掩半映、半隔半合的状态，大空间套小空间，小空间嵌合大空间，空间连续流通，会使景观拥有丰富的层次和深度。

（4）对比

园林景观设计中通过空间的开合收放、光线明暗、深浅以及虚实等对比，可以使景观产生层次感和深度。

（5）曲折

"景贵乎深，不曲不深"，其中幽深是目的，曲折只是达到幽深的一种手段。计成在《园冶》中提到，蹑山腰，落水面，任高低曲折，自然断续蜿蜒，它强调了一个"曲"字。但曲折要有理、有度、有景，合理的曲折可以使游人不断变换视线方向，起到移步换景的作用，也可以增加景观的深度。如果在草坪上设一条弯弯曲曲的蛇行路，只有造作之弊而无深度之感，在整个设计中有弄巧成拙之嫌，在设计中应该避免。

（6）景物

景物，如山石树林丛林等安排成犬牙交错状便能使景观产生深度。

（7）透视原理的利用

设计道路时，可采取近粗远细的方式，使人产生错觉，认为短路不短，加强聚景效果；也可以运用空气透视的原理和近实远虚的手法，使远处的景物色彩淡，近处的景物色彩浓，加强景深的效果；若欲显示所堆叠假山的高度，可缩短视距，增大仰角；若欲显示谷深，可缩小崖底景物尺度。

6. 空间展示程序

园林景观空间布局丰富多样，为人们提供了一个独特的休闲和欣赏自然美景的场所。然而，如何将这些分散的空间有效地组织成景点和景区，使其成为一个连贯而富有魅力的整体，是设计师面临的一大挑战。为了实现这一目标，设计师采用了戏剧性的展开方式，通过巧妙的布局和设计手法，营造出一种"千呼万唤始出来，犹抱琵琶半遮面"的景观效果。这种效果不仅能够吸引游人的注意力，还能够让他们在探索的过程中感受到惊喜和乐趣。这种设计艺术的表现力极强，无论是对于游人来说，还是对于设计师来说，都是一次令人难忘的视觉体验。

（三）园林景观的具体布局

1. 布局的形式

园林景观尽管内容丰富、形式多样、风格各异；但就其布局形式而言，不外乎四种类型，即规则式与自然式，以及由此衍生出来的规则不对称式和混合式。

（1）规则式

规则式园林景观设计是一种注重整齐、对称和均衡的布局形式，其代表作品包括意大利台地园林和法国宫廷园林。这种布局形式的特点是有明显的主轴线，建筑和布局严谨，道路系统由直线或曲线构成，植物配置成行，等距离排列。然而，规则式园林景观设计也存在一些缺点，首先，由于其过于强调整齐和对称，缺乏自然美，使得整个景观显得一目了然，缺乏一定的含蓄性；其次，规则式园林景观设计会产生大量的管理工作，因为植物的配置需要精确计算和安排，道路系统的维护也需要耗费大量的人力和物力。

为了克服这些缺点，设计师可以采取一些措施来增加规则式园林景观设计的美感和自然性。首先，可以在植物配置上增加一些变化，如在植物行列之间添加一些不规则的植物，以增加景观的层次感和丰富度；其次，可以在道路系统中加入一些曲线元素，以打破过于直线的感觉，使整个景观更加流畅和自然；最后，还可以在景观中增加一些水景、石景等，以增加景观的多样性和趣味性。

（2）规则不对称式

在园林景观的设计构思中，设计师对线条的应用都遵循一定的规律，但不是必须要有对称线，这种设计使得园林景观的空间布局具有自由灵活的特点，给人一种开放、自然的感觉。在园林景观中，树木的种类和高度可以根据需要进行选择，以创造出不同的景观效果。这样的设计使得园林景观空间具有一定的层次和深度，可以给人带来丰富的视觉体验。这种类型的景观非常适合应用于街头、街旁及街心块状绿地中。在繁忙的城市街道上，这样的景观可以给人们提供一个休憩的场所，让人们可以暂时远离喧嚣的城市生活，享受大自然的美好。

（3）自然式

自然式园林景观以其独特的特点而闻名于世，其没有明确的主轴线和轨迹，因与地形紧密结合的建筑和植物配置而闻名。中国山水园和英国风致园是自然式园林的代表，它们通过巧妙地利用植物的自然姿态，创造出生动活泼的自然景观。这种设计不仅注重美观，更注重人与自然的和谐共生。设计师通过对地形、植物和建筑的巧妙配置，创造出一种与周围环境相融合的景观效果。这种风格的园林景观不仅能够发给人们提供休闲娱乐的场所，还能够改善城市的生态环境，增加人们的幸福感和生活质量。

（4）混合式

混合式园林景观设计是一种独特的现代设计理念，它将规则与自然完美地结合在一起，既保留了传统自然式布局手法的精髓，又充分吸收了西方规则式构图的长处，形成了一种独特的设计风格。

在混合式风格的园林里，规则式布局通常用于较大的现代园林景观建筑周围或构图中心，它以严谨的几何形状和对称的布局为特点，给人一种秩序感和统一感；而自然式布局则更多地运用于距主要建筑物较远的位置，它以不规则的形状和自然的植物布置为特点，给人一种自由、随意的感觉。

这种设计的优势在于它能够兼顾规则与自然的特点，使整个园林景观既有秩序感又有自然美感。现代园林中这种混合风格普遍存在，设计师会通过调整规则和自然部分的比例，来突出自己所追求的主题风格。

在园林景观设计中，首先，设计师应根据空间功能要求和客观环境选择园林设计的风格。不同的园林景观项目可能有不同的功能需求，如公共公园、私人花园或者城市广场等。对于公共公园来说，设计师可能需要考虑到游人的休闲娱乐需求，因此会选择一些适合人们休闲放松的植物和景观元素；而对于私人花园来说，设计师可能会更加注重主人的个人喜好和生活方式，因此会更多地考虑主人的主观意愿。其次，设计师还需要考虑项目的客观可能性。这包括植物的生长条件、土壤质量、气候条件等因素。如果一个地区的气候条件不适合某种植物的生长，那么设计师就不能选择这种植物作为设计的元素；同样地，如果土壤质量不好，设计师也需要选择适应性强的植物，以确保它们能够健康生长。最后，设计师还需要考虑项目的经济可行性。有些植物或景观元素的使用成本较高，而有些则相对较低。在设计过程中，设计师需要权衡成本和效果之间的关系，选择既能够满足功能要求又经济可行的设计方案。

2. 布局的基本规律

清代布图《画学心法问答》中论及布局提到，意在笔先，铺成大地，创造山川，其远近高卑，曲折深浅，皆令各得其势而不背，则格制定矣。然后相其地势之情形，可置树木处则置树木，可置屋宇处则置屋宇，可通人径处则置道路，可通行旅处则置桥梁，无不顺适其情，克全其理，斯得之矣，又何病焉。园林景观设计布局与此论点极为相似，造园亦应该先设计地形，然后再安排树木、建筑和道路等。

画山水画与造园的理论相通，强调了园林景观设计的独特规律。在园林景观设计中，设计师需要考虑地形、气候、土壤、植被等因素的影响，并因地制宜、因情制宜地进行规划设计。例如，公园作为城市居民休闲娱乐的场所，需要提供宽敞的草坪、舒适的座椅和丰富的娱乐设施。在园林景观设计中，还需要考虑不同性质和功能的园林之间的差异。例如，市政公园主要面向市民开放，需要提供丰富多样的娱乐设施；而社区公园则主要服务于当地居民，需要提供安全舒适的休闲空间。园林景观的设计需灵活多变，不能机械套用典型设计，虽然形式多样，但都遵循着一定的原则和规律。

（1）明确园林性质

园林性质一经明确，也就意味着主题的确定。

（2）确定主题或主体的位置

在园林景观的设计规律中，一般说来园林的主题出现后会有一个承载该主题的景观，这个景观也就成了整个园林的主体。花港观鱼公园以鱼为主题，花港是构成观鱼的环境，因此，花港观鱼部分成为公园构图的主体部分；曲院风荷公园的主题为荷，荷花处处都有，但曲院这个特定的环境使观荷更富诗情画意，荷池成为公园的主体。但是，这方面也有特例，宝俶塔的位置虽不在西湖这个主体之中，但它却成了西湖风景区的主景和标志。

园林的主题是由其性质所决定的，不同的园林拥有各自独特的主题，这是园林景观园林规划设计思想及内容的集中体现。在确定主题的位置和表现形式后，设计师应该从整体到局部进行构图，具体位置应根据园林的主体景观来确定，如山景、水景或大草坪等。对于一些较为严肃的主题，如烈士纪念碑或主雕等，可以将其放置在空间轴线的端点或主副轴线的交点上，以突出其重要性和庄严感，这样的布局能够使主题在整个园林中成为焦点，吸引人们的注意力。此外，还可以通过其他方式来表现主题，如利用植物的选择和布置来营造出特定的氛围，选择具有浓郁色彩和丰富层次感的花卉植物，可以营造出浪漫而温馨的氛围；而选择高大挺拔的树木和茂密的灌木丛，则可以营造出庄重而肃穆的氛围。此外，还可以通过设置雕塑、喷泉、水池等装饰物来进一步突出主题。这些装饰物可以根据主题的性质和风格进行设计，以增强园林的艺术感和观赏性。同时，还可以通过灯光的设计来烘托主题，创造出不同的光影效果，使园林在夜晚也能展现出独特的魅力。

通过对园区进行分区规划并设定主体中心，可以为游客提供一个丰富多样、有序有致的游览体验。同时，设计师还需确保分区的各个主体中心之间的协调性和统一性，保证其对整个园区的主体中心起到烘托渲染的作用，使整个园区成为一个有机整体。

（3）确定出入口的位置

园林出入口伴随着园林的不同功能，起到不同的作用。对公园而言，出入口的设立起着至关重要的作用。当前国内的公园的类型一般为封闭型，这意味着需要设立出入口，以控制人员和车辆的进出；而出入口数量是根据公园的面积大小及附近居民活动方便与否来确定的。主要出入口会选择在该区域交通方便的位置，这样可以方便游客和市民前来游览和休闲，为了避免因为大量人流和车流导致的拥堵，在出入口附近必须要有可以被使用的大块场地作为停车场。次要出入口通常设在居民区附近，以便居民能够轻松地进入公园进行散步、锻炼等活动。此外，一些公园还会在体育活动区和露天舞场附近设置次要出入口，以方便居民参与各种户外运动和娱乐活动。

除了主要和次要出入口外，管理人员出入口通常会根据公园的具体需要进行合理规划，以确保公园的正常运营和管理。此外，交通广场、路旁和街头等处的公园出入口，可以连接公园与周边道路和交通网络，使人们能够更加便捷地进入公园进行休闲和观赏。

（4）功能分区

园林性质的差异直接影响其功能分区，现以文化休闲公园为例说明。

文化休闲公园作为一个多功能的休闲场所，能够给居民提供居住环境中享受不到的园林景观美。无论是山上、水边、林地还是草地，公园都为人们提供了一个远离城市喧嚣、放松身心的理想场所。同时，公园中的园林景观建筑也为游人提供了一个休憩的场所，让他们能够在美丽的自然环境中享受休闲时光。山上的公园通常设有成步道或观景台，供人们散步、远眺或欣赏美景，这些区域通常被树木环绕，空气清新，给人一种宁静和舒适的感觉，人们可以在这里呼吸新鲜空气，感受大自然的美好。水边的公园常常设有湖泊、河流或人工喷泉等水体景观，这些水域不仅给人们提供了观赏水景的机会，还为人们提供了一个休闲放松的场所，人们可以在水边散步、钓鱼、划船或者坐在长椅上欣赏水景，享受宁静的时光。

林地和草地是公园中常见的景观类型。林地通常被设计成森林小径或树荫下的休息区，供人们散步、跑步或进行户外运动，草地则提供了一个开放的空地，供人们野餐、玩耍或举办各种户外活动。这些景观不仅给人们提供了丰富的休闲选择，还为人们创造了一个与自然亲近的环境。除此之外，公园还设有各种园林景观建筑，如楼台、亭子、榭子等。这些建筑不仅增添了公园的美感，还为游人提供了一个休憩的场所。人们可以在亭子里喝茶聊天，或者欣赏公园的美景。这些园林景观建筑不仅满足了游人的休闲需求，还为他们提供了一个与自然和谐共处的空间。

公园中的活动丰富多样，主要包括文艺、体育、游乐和儿童活动四大类。为了方便管理和满足人们对不同活动的需求，设计师在公园规划时会将相近的活动区域集中起来，并选择或创造适宜的环境条件。文艺活动是公园中的一大亮点，公园内设有专门的文艺表演区域，定期举办音乐会、戏剧演出、舞蹈表演等各类文艺活动，这些活动不仅为市民提供了欣赏艺术的机会，也为艺术家提供了一个展示才华的舞台。同时，公园还设有艺术展览馆，展示各类艺术作品，让市民在欣赏美景的同时，也能感受到艺术的魅力。体育活动是公园不可或缺的一部分，公园内设有篮球场、足球场、网球场等多个运动场地，供市民进行各类体育活动；公园还定期举办健身操比赛、登山活动等，鼓励市民积极参与体育锻炼，提高身体素质。游乐活动是公园中最受欢迎的一部分，公园内设有各种游乐设施，如旋转木马、碰碰车、过山车等，给儿童带来了无尽的乐趣。儿童活动也是公园中备受重视的一部分，公园内设有专门的儿童游乐区，提供各类适合儿童玩耍的设施，如秋千、蹦床、攀岩墙等。为了方便人流集散，公园的活动频繁、游人密度大的部分和儿童活动部分应设在出入口附近。这样不仅可以方便市民进出公园，也可以减少人流拥堵的情况发生。

公园经营管理部分的构成能确保公园正常运营和给人们提供良好服务，包括公园办公室、圃地、车库、仓库和公园派出所等。

公园办公室的位置选择应考虑离公园主要出入口的距离和方便与外界联系等因素，确保公园管理人员能够及时响应游客的需求和处理突发事件；而其他设施一般布置在园内的一角，不影响游客的活动，这样的布局可以有效地利用园内的空间。同时，还应设置专用出入口，这样不但可以提高设施的安全性和管理效率，还方便了游客和工作人员的进出。

此外，在设置公园功能区种类时，设计师要做好周边文娱环境的调研，如果附近已有类似的设施，就不需要再在公园中重新开辟类似的活动项目了。这可以避免资源的浪费和重复建设，提高公园的效益和吸引力。设计师可以根据周边设施的特点和优势，开展与之互补的活动，吸引更多的游客和参与者。

公园活动安排应充分考虑自然和周边环境条件，以最大程度地保护和利用自然资源，对各个功能区进行分割。但是公园作为一个公共场所，动与静是相对的，绝对的功能区分割是不现实的。因此，园方要采用动静结合、和谐共乐的理念来实现这一目标，可以将动与静的活动安排在同一空间内进行，如风景林通常有较大的空地，可以容纳各种户外运动和娱乐活动，还可以在草地上设置休闲区，供人们放松身心，享受阳光和大自然的美好；并且，在风景林内的安静区域，通常有较多的树木和植被，可以为游人提供一个宁静的环境，适合进行瑜伽、太极等静态运动。这样一来，动静结合，相得益彰。另外，可以在湖和山等公园里的宁静区域内开展体育运动。在活动期间，园方可以打破这些区域的宁静，组织一些水上活动或登山活动，一旦活动结束，园方应该立即恢复这些区域的平静，让游人能够继续享受它们的宁静和美丽。此外，公园内的儿童游戏区为儿童提供了一个安全、有趣的玩耍空间，休息区和座椅可以供游客休息和观赏周围的景色。总之，休息的方式可以是运动的，也可以是相对安静的，公园内不必绝对地划分静与动的功能区，只要合理布局和规划，使得群众身心在这里得到放松和喜悦，就实现了园林设计和管理的真正目的。

（5）景色分区

凡具有游赏价值的风景及历史文物，或是能独自成为一个单元的景域，这些都被称为景点。景点是构成园林景观的基本单元。在园林景观中，若干个景点可组成一个景区，若干个景区可组成一个风景名胜区，若干个风景名胜区可构成风景群落。

北京圆明园大小景点有 40 个，承德避暑山庄有 72 个。景点可大可小，较大者，如西湖十景中的曲院风荷、花港观鱼、柳浪闻莺、三潭印月等，它们是由地形地貌、山石、水体、建筑及植被等组成的一个比较完整且富于变化和可供游赏的空间；而较小者，如雷峰夕照、秋瑾墓、断桥残雪、双峰插云、放鹤亭等，可由一塔、一墓、一树、一泉、一峰、一亭组成。

景区是风景规划中的一个重要概念，它根据园林的性质和规模进行分级。景区通常由一系列集中的景点通过道路连接而成，也存在一些独立的景点。在名胜区或大型公园中，通常会有多个不同特色的景区，这些景区被称为景色分区。景色分区是园林景观布局的重要影响因素之一。

　　景色分区的存在可以丰富游人的游览体验，使他们能够欣赏到不同的自然风光和文化景观。例如，一个名胜区可能分为山水景区、花园景区和历史文化景区等不同的景色分区。每个景色分区都有其独特的特色和魅力，吸引着不同类型的游人，如杭州市的花港观鱼公园，充分利用原有地形特点，恢复和发展历史形成的景观，进而组成多个新景区。鱼池古迹为花港观鱼旧址，在此可以怀旧，作今昔对比；红鱼池供观鱼取乐；花港的雪松大草坪不仅为游人提供气魄非凡的视景空间，同时也提供了开展集体活动的场所；密林区中的密林既起到空间隔离作用，又为游人提供了一个秀丽娴雅的休息场所；牡丹园是欣赏牡丹的佳处；新花港区有茶室，是品茗坐赏湖山景色的佳处。

　　一般景色的分区会比功能的分区更加细化和深化，在内容安排上需要有主次之分，主要的景观应该是引人注目的，能够吸引游客注意力的；而次要的景观则是为了衬托主要景观，增加整体美感的。这种主次分明的设计方式，能够让各个景色分区之间形成一种和谐的关系，相互烘托和渗透，使得整个园林的景观更加丰富和立体。相邻的景观空间之间要进行过渡，使游人在从一个景色分区移动到另一个景色分区的过程中，能够有一个平滑的过渡，不会感到突兀。这种过渡的方式被称为渐变，它是园林设计中的一种常用手法。然而，园中园本身就是一个独立的景观单元，它的存在就是为了让游人观赏到不同于之前的景观，使游人的观赏感受出现跳跃感，有一种别有洞天的情感波动，这是园林景观设计中的一种特殊的手法，也是对传统园林设计理念的一种挑战和突破。

　　（6）风景序列、导游线和风景视线

　　所有艺术形式，包括园林景观风景的展示，都有从开始到结束的过程，这个过程需要有曲折变化和高潮，以吸引观众的注意力并传达出深刻的情感和意义。在园林景观风景的展示中，通常采用起景、高潮和结景的序列。起景是整个展示的序幕，它通过精心设计的布局和元素来引起观众的兴趣；起景的目的是为后续的高潮做好铺垫，让观众对主景充满期待。高潮是整个展示的主景，它是展示的核心和亮点；高潮的设计要突出主题和意境，通过细节的处理和色彩的运用，使观众产生强烈的共鸣和情感体验。结景是整个展示的尾声，它通过精心设计的元素和布局来给观众留下深刻的印象；结景的目的是为整个展示画上完美的句号，让观众留下美好的回忆。除了起景、高潮和结景的序列变化，有些展示也会采用主景与结景合二为一的序列，将主景与结景巧妙地融合在一起，使整个展示更加连贯和流畅，观众在欣赏主景的同时，也能感受到结景带来的美好和满足感，如北京颐和园在起结的艺术处理上，就达到了很高的水平。游人从东宫门入内，通过两个封闭院落，未见有半点风景；直到绕过仁寿殿后面的假山，顿时豁然开朗，偌大的昆明湖、万寿山、玉泉山、西山诸风景以万马奔腾之势，涌入眼底；到了全园制高点佛香阁，居高临下，山水如画，昆明湖辽阔无边，这个起和结达到了"起如奔马绝尘，须勒得住而又有住而不住之势；一结如众流归海，要收得尽而又有尽而不尽之意"①的艺术境界，令人叹为观止。

总之，园林景观风景序列的展现，虽有一定规律可循，但不能程式化，要创新，要别出心裁、富有艺术魅力，方能引人入胜。

园林景观风景展示序列与戏剧观赏序列在结构处理上存在相似之处，但在游览方式上却有着明显的差异。大型园林景观通常设有多个出入口，这意味着游客可以选择不同的入口开始他们的游览之旅。因此，在组织景点和景区时，设计师必须充分考虑这一问题，通过合理的规划和设计，提高园林景观设计的艺术效果，同时与导游路线相配合，使游人能够更好地欣赏到园林的美景。

导游线路安排的核心目的是帮助游人更好地游览和欣赏各个景点，它需要综合考虑交通条件、景点特点、游人需求和时间限制等多个因素，以给游人提供一个合理、便捷和愉快的旅游体验。通过精心的规划和设计，导游线可以为游人带来难忘的旅行记忆。基于不同情况的考虑，虽然导游线的线路有很多种，但是其基本安排逻辑取决于风景序列的展现手法。风景序列展现手法有以下几种：

①开门见山、开阔明朗，使风景有气势宏伟之感，如法国凡尔赛公园、意大利的台地园及我国南京中山陵园风景区均采用此种手法；

②深藏不露、出其不意，使风景产生柳暗花明的意境，如苏州留园、北京颐和园、昆明西山的华亭寺及四川青城山古建筑群，皆为深藏不露的典型例子；

③忽隐忽现，入门便能遥见主景，但可望而不可即，如苏州虎丘山风景名胜

---

① 王原祁.王原祁诗文辑注[M].蒋志琴辑注.北京：中国国际广播出版社，2020.

区就采用这种手法，主景在导游线上时隐时现，始终在前方引导，当游人终于到达主景所在地时，已经完成了全园景点的游览任务。

在游览园林景观时，为了给游人提供更好的游览体验，需要合理设计游览路线。对于较小的园林景观，可以采用环形路线以避免重复行走，也可以增加登山和越水的路径，这样的设计不仅能够充分利用有限的空间，还能够增加游人的游览兴趣，领略到更多的美景。对于面积较大的园林景观，可以安排多条路线供游人选择，这样可以满足不同游人的需求和兴趣。对于包含多个景区或景点的大型风景群落，还需考虑不同时间段或多天的游览安排，这样的安排可以让游人更好地规划行程，充分利用时间，尽可能地欣赏到更多的景点和美景。同时，不同时间段的游览安排还可以避免游人在某个时间段集中到达，导致景区过于拥挤的情况发生。

导游线可以用串联或并联的方式，将景点和景区联系起来。景区内自然景点的位置不能任意搬动，有时离主景入口很近，以达到引人入胜的观景效果；有时主景会被屏障起来，使之可望而不可即，然后将游览线引向远处，使游人最终到达主景。

针对不同类型游人进行导游线设置是一个需要着重考虑的问题。对于初游者来说，导游线的安排要按部就班，这样可以帮助他们全面了解整个园林景观；而对于常游者来说，捷径和快速通道可以提高游览效率。特别要注意的是，园林的捷径设计要隐蔽，避免初次游览的人受到干扰，错过景观。在这里需要指出的是，中国园林景观的有着一个独特的设计观点，就是设计师常常通过巧妙的布局和设计，让游人在游览过程中感受到一种偶然性和不确定性，让游人在游览过程中能够体验到一种与众不同的感受，如留园、拙政园和现代园林景观花港观鱼公园、柳浪闻莺公园及杭州植物园等，并没有一条明确的导游线，风景序列不明，加之园林规模很大，空间组成复杂，层层院落和弯弯曲曲的岔道很多，入园以后的路线选择随意性很大，初游者犹如入迷宫。

园林景观的设计还应考虑使得游人获得良好的风景视线，这样才能做到一步一景，景景入胜的意境。

总之，风景序列、导游线和风景视线在园林景观设计中的重要性不容忽视，它们相互补充，共同构成了整体设计的全局效果。

三、园林景观设计表现技法

园林设计图纸是传达园林景观设计概念的基础工具，通过绘制富有艺术性的图纸，设计师可以更生动地展示设计方案。笔者重点介绍了当前园林景观设计中最常用的两种表现技法：手绘表现设计、计算机辅助园林景观设计。通过运用这些技法，设计师可以更好地展示出设计方案的艺术性和创意性，为人们呈现出美丽而独特的园林景观。

（一）手绘表现设计

手绘作为一种传统的艺术表现形式，具有独特的魅力和表现力，它能够通过线条、色彩和形状等元素，直观地传达设计师的想法和情感。与电脑设计相比，手绘更加自由灵活，不受软件限制，可以随时随地进行创作。同时，手绘也能够培养设计师的观察力和审美能力，让他们更加敏锐地捕捉到周围环境中的细节和美感。然而，随着科技的发展和电脑设计的普及，越来越多的设计师开始使用电脑软件进行设计和艺术表现。电脑设计具有高效、精确和可编辑性等优点，能够满足复杂项目的需求。同时，电脑设计还能够实现更丰富的效果和更精细的细节表现，使设计作品更加生动和真实，但手绘仍然是设计师的看家本领。在实际工作中，设计师可以根据具体情况采用手绘和电脑设计相结合的方式，以达到最佳的设计效果。无论是手绘还是电脑设计，都需要设计师具备扎实的设计基础和良好的审美能力，只有这样，设计师才能够创造出优秀的设计作品。

手绘图是设计师艺术素养与表现技巧的综合体现，它以自身的艺术魅力、强烈的感染力向人们传达设计师的思想、理念及情感，越来越受到人们的重视。素描、速写、色彩训练是设计师画好手绘图的基础，对施工工艺、材料的了解是设计师是画好手绘图的基础条件。手绘图利用一点透视、两点透视的原理，形象地将二维空间转化为三维空间，快速准确地表现所绘对象的造型特征。手绘表现很大程度上是凭感觉画，这要通过大量的线条训练。中国画对线条的要求，如"如锥划沙""力透纸背""入木三分"，充分体现了中国设计师对线条的理解。线条是绘画的生命和灵魂，人们强调线条力度、速度、虚实三者之间的关系，利用线条表现物体的造型、尺度和层次关系。只有经过长期不懈的努力才能画出生动准确的画面。手绘图的最终目的是通过熟练的表现技巧，来表达设计师的创作思想、设计理念。手绘图如同一首歌、一首诗、一篇文章，精彩动人，只有不断地完善自我，用生动的作品感染人，设计师才能实现自身的价值。

在设计初期，设计师通常会通过头脑风暴和草图来探索各种可能性。手绘能够迅速将这些想法转化为可视化的图形，帮助设计师更好地理解和整理自己的思路。通过手绘，设计师可以快速勾勒出园林大致的轮廓和布局，从而为后续的设计工作打下坚实的基础。手绘作为设计师的"视觉语言"，在设计过程中扮演着不可或缺的角色。

结合现代计算机技术，具有技术挑战性的景观手绘图的创作是非常有必要的，它不仅可以给设计师提供更精确、迅速的创作方式，还可以提高设计师的工作效率和促进团队合作。因此，设计师应该积极利用现代科技手段来提升自己的创作能力和工作效果。

计算机绘图和手绘图各有优势和局限。利用计算机可以弥补手绘图中的不足，提高工作效率。计算机可以帮助设计师选择视点、视域和特定角度，用计算机绘制的形体比例、透视、角度可作为手绘景观图的准确依据。通过打印机输出计算机中建立的景观场景基本模块，构筑钢笔稿的基本框架，而后利用透明纸拷贝并深化框架，刻画出景观结构和细节，增添配景以烘托画面氛围。此外，计算机还可以帮助设计师快速生成各种风格的建筑立面、室内空间等元素。这些元素可以通过 3D 建模软件进行精确的尺寸测量和材质渲染，为设计师提供更多的选择和灵感。同时，计算机还可以通过动画软件制作出动态的建筑模型和景观效果，使设计师能够更好地展示自己的创意和想法。灵活运用计算机技术将使手绘技法的表达更加丰富、精确和便捷。

随着社会的发展和经济的进步，艺术设计行业对设计表达方式的需求日益增长。手绘作为一种重要的设计表达方式，能够直观地展示设计师的创意和想法，因此在艺术设计行业中具有重要地位。南华大学作为一所知名的高等学府，一直致力于培养具有创新精神和实践能力的艺术设计人才。为此，学校在景观设计专业和环境设计专业的课程设置中，特别注重对学生手绘效果图表现能力的训练，使学生有更多的机会在课堂上进行实践操作，提高自己的手绘技能，培养自己的审美能力和创意思维。

1. 钢笔徒手画

作为一名园林景观设计师，掌握徒手绘制线条图的技能是非常重要的。这种技能可以帮助他们准确地表达设计中的地形、植物和水体等元素。在设计过程中，钢笔徒手画是一种非常实用的绘画技巧，它可以帮助设计师快速捕捉灵感、进行构思、分析方案，并将其转化为最终的方案（图4-2-6）。

图 4-2-6 钢笔徒手画

尽管绘制徒手线条图的工具各异，但其共同点是线条图的基本属性，这些属性可以帮助设计师更好地表达他们的设计理念，并使设计方案更加清晰易懂。下面主要介绍几种钢笔徒手画的画法。

（1）钢笔徒手线条

钢笔画是一种独特的艺术形式，它通过线条的叠加和组合来精确地描绘物体的形态和质感。这种艺术形式的魅力在于，它能够通过简单的线条展现出复杂的物体结构和丰富的视觉效果，通过线条的粗细和密度来实现景物的深浅。要想对景物有准确的把握能力，并画出优秀的钢笔画作品，设计师需要具备一些基本的绘画技巧和能力。

学习钢笔画的第一步是进行各种线条的徒手练习，包括直线、曲线、线条组合等基本线条的绘制。通过这些基础的练习，设计师可以提高自己的线条绘制技巧，为创作更复杂的作品打下坚实的基础。

（2）钢笔线条的明暗和质感表现

钢笔线条本身不具有明暗和质感表现力，只有通过线条的粗细变化和疏密排列才能获得各种不同的色块，表现出形体的体积感和光影感。线条较粗，排列得较密，色块就较深，反之则较浅。深浅之间可采用分格退晕法或渐变退晕法进行过渡，且不同的线条组合具有不同的质感表现力，表面分块不明显，形体自然的物体宜用过渡自然的渐变退晕法；分块较明确的建筑物墙面、构筑物表面通常宜用分格退晕法。

（3）植物的平面画法

①树木的平面表示方法。园林植物在园林景观设计中扮演着重要的角色，其种类繁多，形态各异。依据自身的特点，这些植物被分为乔木、灌木、攀缘植物、竹类、花卉、绿篱和草地七大类。这些植物呈现在平面效果图上的惯用图例是多年来设计师总结形成的基本固定的式样，多以抽象的表达方式呈现。

园林植物的平面图是指园林植物的水平投影图，一般都用图例概括表示，用圆圈表示树冠的形状和大小，用黑点表示树干的位置及树干粗细，树冠的大小应根据树龄按比例画出。

为了能够更形象地区分不同的植物种类，常以不同的树冠线型来表示不同的植物。

针叶树常以带有针刺状的树冠来表示，若为常绿针叶树，则在树冠线内加画平行的斜线。阔叶树的树冠线一般为圆弧线或波浪线，且常绿的阔叶树多表现为浓密的叶子，或在树冠内加画平行斜线，落叶的阔叶树多用枯枝表现。

树木平面画法并无严格的规范，在实际工作中，根据构图需要，设计师可以创作出许多画法。当表示几株相连的相同树木的平面时，应互相避让，使图面形成整体；当表示成群树木的平面时可连成一片；当表示成林树木的平面时可只勾勒林缘线。

②灌木和地被植物的表示方法。灌木没有明显的主干，平面形状有曲有直。自然栽植的灌木的平面形状多为不规则形，修剪的灌木和绿篱的平面形状多为规则形或不规则形，但表面平滑。灌木的平面表示方法与树木类似，通常修剪的灌木可用轮廓、分枝或枝叶型表示，不规则形状的灌木平面宜用轮廓型和质感型表示，表示时以栽植范围为准。由于灌木通常丛生，没有明显的主干，因此灌木平面很少会与树木平面混淆。

地被植物宜采用轮廓勾勒和质感表现形式。作图时应以地被植物栽植的范围线为依据，用不规则的细线勾勒出地被植物的范围轮廓。

③草坪和草地的表示方法。草坪和草地的表示方法很多，下面介绍一些主要

的表示方法。

第一，打点法。打点法是较简单的一种表示方法。用打点法画草坪时所打的点的大小应基本一致，无论疏密，点都要打得相对均匀。

第二，小短线法。将小短线排列成行，每行之间的间距相近且排列整齐，可用来表示草坪，排列不规整的可用来表示草地或管理粗放的草坪。

第三，线段排列法。线段排列法是最常用的表示方法，要求线段排列整齐，行间有断断续续的重叠，也可稍许留些空白或行间留白。另外，也可用斜线排列表示草坪，排列方式可规则，也可随意。

（4）树木的立面画法

自然界中的树木千姿百态，有的颀长秀丽，有的伟岸挺拔，各具特色。各种树木的枝、干、冠的构成及分枝习性决定了各自的形态和特征。因此，设计师在学画树木时，首先应学会观察各种树木的形态、特征及各部分的关系，了解树木的外轮廓形状，整株树木的高宽比和干冠比，树冠的形状、疏密和质感，掌握动态落叶树的枝干结构，这对学习树木的绘制方式是很有帮助的。初学者学画树木时可从临摹各种形态的树木图例开始，在临摹过程中要做到手到、眼到、心到，学习和揣摩别人在树形概括、质感表现和光线处理等方面的方法和技巧，并将已学得的手法应用到临摹树木图片、照片或写生中去，通过反复实践，学会合理地取舍、概括和处理。临摹或写生树木的一般步骤如下。①确定树木的高宽比，画出四边形外框，若外出写生则可伸直手臂，用笔目测出树木大概的高宽比和干冠比；②略去所有细节，只将整株树木作为一个简洁的平面图形，抓住主要特征修改轮廓，明确树木的枝干结构；③分析树木的受光情况；④选用合适的线条去体现树冠的质感和体积感、主干的质感和明暗对比，并用不同的笔法去表现远、中、近景中的树木。

树木的表现方式主要有写实、图案式和抽象变形三种。首先，写实方式注重对树木的自然形态和枝干结构的刻画。通过细致入微的描绘，设计师能够准确地再现树木的外貌特征，使观者能够感受到树木的真实存在感。这种表现方式通常需要设计师具备较高的绘画技巧和观察力，以便捕捉到树木的细节和纹理。其次，图案式则强调某些特征并对这些特征加以概括。与写实方式不同，图案式的表现更注重树木的整体形象和几何结构，设计师会选择性地突出树木的某些特征，并通过简化和概括的方式将这些特征转化为图案。这种表现方式常常用于装饰艺术中，以创造出独特的视觉效果。最后，抽象变形的方式指设计师会将树木的形象进行抽象化处理，将其转化为线条、形状的组合。通过对树木的形态进行扭曲和变形，设计师可以创造出一种独特的视觉效果，这种表现方式常常用于现代艺术中。

在绘制一棵树时，首要的步骤是描绘出它的枝干，这是因为枝干构成了整棵树的基本框架，为后续的细节添加提供了基础。为了确保绘制的准确性和生动性，一般选择冬季落叶乔木作为参考对象。冬季落叶乔木的结构和形态相对较为清晰，更容易帮助设计师理解和描绘树木的特点。

不同的树种有着不同的分枝方式，有的呈现出放射状，有的则是交错生长。因此，设计师需要仔细观察参考对象，合理安排粗枝和细枝的分布，以及整体的平衡感。合理地布局枝干可以使树木看起来更加自然和有层次感。于主干部分，设计师需要注意主干和粗枝的布局，主干是树木的主要支撑结构，它的稳定性对于整个树形的呈现至关重要。因此，在选择主干的位置和长度时，要考虑到树木重心的稳定和整体的比例关系。同时，设计师还需要注意主干和粗枝之间的开合曲直关系，使它们相互协调，形成流畅的线条。

树木的分枝和叶的多少对树冠的形状和质感有着重要的影响。当树木的小枝稀疏、叶子较小时，整个树冠的外观会显得不够完整和丰满，缺乏整体感。相反，当树木的小枝密集、叶子繁茂时，树冠会呈现出强烈的团块体积感，给人一种饱满而丰富的感觉。

为了能够更好地表现树冠的质感，设计师可以采用一些特定的绘画技巧。其中，短线排列法是一种常用的方法，适用于针叶树和在近景中叶形相对规整的树木，使用短线来描绘树叶的形状和纹理，可以营造出一种细腻而立体的效果。叶形和乱线组合法适用于阔叶树，也适合在近景中叶形不规则的树木，该技法可以创造出更加丰富多样的树冠形态，增加画面的层次感和立体感。

自然界中的树木是多种多样的，因为树木所属种类不同，所以形态特征会表现出显著差异，包括树形、树干纹理和枝叶形状等。为了在设计工作中准确传达意图，初学者需要观察和研究不同树种的形态特征和生长环境，这样才能对这些不同树种的特点精髓做到准确把握。

树形可以将叶丛的外形和枝干的结构形式作为其特征，后者也常见于画面。尤其在建筑物前，为了减少对建筑物的遮挡，树形常以枝干的表现为主（也可以以叶丛的外形为主表现树形）。

树木的生长方式和其外轮廓的基本形体在自然界中呈现出多样性和灵活性，但是，树木在装饰性的画面中只表现为简单几何形体。自然界中树木的生长方式受到环境条件、土壤质地和光照等多种因素的影响，它们可以呈现出各种不同的形态，如直立的松树、扭曲的柳树、分枝繁茂的橡树等，但是在画面中都以概括和抽象的方式进行表达，有球或多球体的组合、圆锥、圆柱等。树木的形态变化应该与画面中其他元素的风格和比例相匹配，以保持整体的和谐感。

在画面中，树木的位置和形态对优化景观的视觉效果起着至关重要的作用。无论是中景还是远景，树木的运用都能够为画面增添层次感和空间感。

首先，对于中景的树木来说，设计师需要避免其遮挡建筑物的重点部分。通过合理地安排树木的位置，设计师可以确保建筑物的关键元素能够被清晰地展现出来，不会因为树木的遮挡而失去其重要性。其次，远景的树木主要用于烘托建筑物和增加画面的空间感。在绘制远景中的树木时，要简化处理其形态，只需要其营造出一种深远的感觉，使建筑物看起来更加壮观和宏伟即可。此外，近景中的树通常只画树干和少量枝叶，这种处理方式可以使观众的目光集中在建筑物上，同时也能够突出建筑物的细节和特点。通过精心选择近景中树木的形态和位置，可以使建筑物更加引人注目和吸引人。

（5）山石的表现方法

平、立面图中的石块通常只用线条勾勒轮廓，很少采用光线、质感的表现方法，以免造成整体画面混乱。用线条勾勒石块时，轮廓线要粗些，石块面、纹理可用较细较浅的线条稍加勾绘，以体现石块的体积感。不同的石块，其纹理不同，有的浑圆，有的棱角分明，在表现时应采用不同的笔触和线条。剖面上的石块，轮廓线应用剖断线，石块剖面上还可加上斜纹线。

园林中常用的石材有湖石、黄石、青石、石笋等。由于山石材料的质地、纹理等不同，其表现方法也不同。

湖石，即太湖石，为石灰岩风化溶蚀而成，太湖石面上多有沟、缝、洞、穴等，其形态玲珑剔透，画湖石时多用曲线表现其外形的自然曲折变化，并刻画其内部纹理的起伏变化及洞穴形态。

黄石为细砂岩受气候风化逐渐分裂而成，故其体形敦厚、棱角分明、纹理平直，因此，画时多用直线和折线表现其外轮廓，内部纹理应以平直线为主。

青石是青灰色片状的细砂岩，其纹理多为相互交叉的斜纹，画时多用直线和折线表现。

石笋为外形修长像竹笋的一类山石，画时应以表现其垂直纹理为主。可用直线，也可用曲线。

（6）水体的表现方法

①水面的表示法。在平面上，水面表示可采用线条法、等深线法、平涂法和添景物法，前三种为直接的水面表示法，最后一种为间接表示法。

第一，线条法。用工具或徒手排列的平行线条表示水面的方法称线条法。作图时，既可以将整个水面全部用线条均匀地布满，也可以局部留有空白，或者只局部画些线条。线条可采用波纹线、水纹线、直线或曲线。组织良好的曲线还能表现出水面的波动感。

水面可用平面图和透视图表现。平面图和透视图中水面的画法相似，只是为了表示透视图中水面深远的空间感，对于较近的景物线条则表现得要浓密，越远则越稀疏。水面的状态有静动之分，它的画法如下。

静水面是指宁静或有微波的水面，能反映出倒影，如宁静时的海、湖泊、池潭等。静水面多用水平直线或小波纹线表示。

动水面是指湍急的河流、喷涌的喷泉或瀑布等，给人以欢快、流动的感觉，其画法多用大波纹线、鱼鳞纹线等活泼动态的线形表现。

第二，等深线法。在靠近岸线的水面中，依岸线的曲折作两三根曲线，这种类似等高线的闭合曲线称为等深线。通常形状不规则的水面用等深线表示。

第三，平涂法。用水彩或墨水平涂以表示水面的方法称平涂法。用水彩平涂时，可将水面渲染成类似等深线的效果，先用淡铅作等深线稿线，等深线之间的间距应比等深线法中的间距大些，然后再一层层地渲染，使离岸较远的水面颜色较深。也可以不考虑深浅，均匀涂黑。

第四，添景物法。添景物法是利用与水面有关的一些内容表示水面的一种方法。与水面有关的内容包括一些水生植物（荷花、睡莲）、水上活动工具（船只、游艇等）、码头和露出水面的石块及周围的水纹线等。

②水体的立面表示法。在立面上，水体可采用线条法、留白法、光影法等表示。

第一，线条法。线条法是用细实线或虚线勾画出水体造型的一种水体立面表示法。线条法在工程设计图中使用得最多。用线条法作图时应注意，一方面，线条方向与水体流动的方向保持一致；另一方面，水体造型要清晰，但要避免外轮廓线过于呆板生硬。

跌水、叠泉、瀑布等水体的表现方法一般也用线条法，尤其在立面图上更是常见，它简洁而准确地表达了水体与山石、水池等硬质景观之间的相互关系。用线条法还能表示水体的剖面图。

第二，留白法。留白法就是将水体的背景或配景画暗，从而衬托出水体造型的表示手法。留白法常用于表现所处环境复杂的水体，也可用于表现水体的洁白与光亮。

第三，光影法。用线条和色块（黑色和深蓝色）综合表现出水体的轮廓和阴影的方法叫光影法。光影法主要用于效果图中。

2. 马克笔、彩色铅笔上色

一幅好的景观效果图，除了有优美的线条及正确的透视关系，上色也是非常重要的环节之一，它是作者设计能力、绘画技巧及个人艺术修养等诸多方面的综合体现。

马克笔所绘图案随意、自然，给人以生动、轻松之感；彩色铅笔所绘图案飘逸稳定，虚实变化且笔触丰富细腻，可根据它们的特点来表现不同的物体。一般景观表现主要以马克笔为主，它讲究笔触；以彩色铅笔为辅，它更适合过渡，可弥补马克笔的不足。

（二）计算机辅助园林景观设计

近几年来，计算机已被广泛使用，计算机技术已经渐渐深入到许多学科，在设计行业中，计算机辅助设计 AutoCAD（Auto Computer Aided Design）已成为一种方便、快速的设计手段，它具有先进的三维模式，结合绘图、计算、视觉模拟等多功能为一体，能将方案设计、施工图绘制、工程预算等环节整合成一个相互关联的有机整体，可大大节省设计人员制图的时间，并在校核方案时，具有良好的可观性、修改方便快捷等优点。

目前，在进行园林景观设计时，常用多种计算机制图软件来完成从平面图到效果图的绘制，形成了完全不同于手绘图的表现特色。

手绘表现图缩短了图面想象与建成实景的距离，但这种传统的表现方式有时仍会有一些表达上的遗憾，很多设计师常常感到建成作品明显达不到图面与模型效果。例如，画透视图是为了以较为实际的视觉效果来验证设计效果，但人们在透视图上往往不自觉地忽略或淡化材质和颜色的误差，故意美化设计作品及其周围环境；有时存在取悦于自己，特别是业主，来达到投标成功的目的，这在无形中使得设计师的感受和想象产生曲解，直到看到建成作品时才"如梦初醒"。虽然手绘表现有了较好的场景表现，但材料与颜色的淡化，以及光线的失真，都使得表达效果不那么准确。

当然，这些难题对于有着丰富经验与卓越能力的设计师影响较小，但对于大多数设计师，特别是刚刚从事设计工作的人来说，影响很大。计算机技术应用于辅助设计方面，在弥补上述不足时，扮演了重要角色。

计算机影像处理与合成系统是一种强大的设计工具，它能够将现实照片转化为真实透视图，它不仅提供了高效的设计方法，还能够以最真实的方式表达设计理念和表现形式。这种系统的应用将为设计师带来更多的便利。在该系统中，周围环境也是真实的再现，如此"因地制宜"，可以让业主明白设计意图，进而对设计师产生信任感。真实环境的照片输入计算机后也可以作为计算机生成模型的背景，通过图面处理，显得更为真实，与周围环境也更为协调。

计算机生成模型与后期的处理弥补了传统模型与手绘表现的一些不足，它可以改变多个视角，以此获得许许多多不同的透视效果，也可以分解模型，用来呈现各部分的组织关系，计算机建模可以对材料、质感、光线等进行精密分析及传神模拟。例如，计算机可以很快地模拟出各种天气下光线的效果及夜间灯光的效果。

在计算机模型中，系统可以模拟人的视点转换来设置路径，将路径上每个设定视点的透视效果图一张张存起来，制作成动画，连续播放出来，就是人们游览整个环境（公园、广场、街道、从室外到室内）的视觉感受过程。这种设定相对于人自由灵活的视点变换来说仍显得过于简单、不够真实。因此，20 世纪 90 年代中后期开始发展"虚拟现实"系统，把人的资料输入计算机模型中，让人们自由地在空间中感受自己想要看的效果，进一步缩短想象与实景的差距。

计算机辅助设计除了以上这些独到功能以外，它还可以被用来做设计筹备阶段的资料分析、数据整理、制定文字表格等工作，可以在设计制图过程中替代制图人绘制总平面图、平面图、立面图、剖面图、细部大样图、结构图及透视图等。这些绘图系统早已得到普遍应用，有方便储存、可复制、易修改、速度快等优点。计算机还可在施工阶段精确、快速地进行复杂的结构分析与计算，大大节省了人力。更为重要的是，越来越多的人使用计算机来进行空间分析，开发其在设计构思阶段的应用潜力，使计算机成为人脑在设计中的延伸产品。

计算机几乎可以提供所有手绘图纸与模型所能涵盖的信息，这是不是说明计算机可以替代手绘的表现方式了？手绘表现方式有着很强的艺术性，有时它的随意性更能给设计师带来创作灵感。园林景观设计是艺术与科学的统一，也就是说感性与理性同样重要。因此，手绘表现方式也有其自身的长处，计算机辅助设计目前还不能代替设计师进行设计构思，过于夸大它的作用会导致设计师进入误区，计算机有时会使设计程式化，而且其表现效果有时因过于理性化而显得呆板。总之，在园林景观设计过程中，应参照个人习惯与具体设计的不同，在设计的不同阶段中，将两种表达方式相结合，加以灵活应用。

1.计算机的软硬件配置

随着科技的不断进步，计算机硬件配置也在不断升级。园林景观设计师需要一台性能强大的计算机来处理复杂的图形和渲染任务。在过去，由于计算机硬件配置的限制，设计师往往需要花费大量的时间和精力来完成一幅效果图。然而，现在的情况已经发生了巨大的变化，目前市场上流通的计算机在性能配置上标准都比较高，基本上都能满足设计师绘图的需要。

在软件应用方面，一般常用 AutoCAD、Photoshop、Coreldraw、3D Studio MAX（3DS MAX）等制图软件，结合一些关于建筑、植物、小品等专业素材库，设计师就可以完成平面图、立面图、剖面图、效果图，甚至动画效果图的绘制。

2.园林图纸的绘制

（1）平面图、立面图

①绘图软件简介。绘制平、立面图常用的软件是 AutoCAD，是美国 Autodesk

公司推出的通用计算机辅助绘图和设计软件包，目前已广泛应用于机械、建筑、结构、城市规划等各种领域。随着技术的创新，AutoCAD 已进行了多次升级，功能日益完善，操作更为简便。

②AutoCAD 在园林设计中的应用。AutoCAD 具有完善的图形绘制功能，能够精确地绘制线、圆、弧、曲线、多边形等各种几何图样。同时，该软件还提供了各种修改手段，具有强大的图形修改功能，如删除、复制、镜像、修剪、偏移等，大大提高了绘图的效率。

在绘制平、立面图的过程中，根据设计构思，设计师可以通过这些命令完成各部分的尺寸、纹样等。对于铺装的表现可借助 AutoCAD 提供的各种纹样及填充功能来完成。而其他一些表现素材，如植物、汽车、人物等则可从素材库中调用，利用 AutoCAD 绘制的平面图、立面图主要是线条图形，它能清楚、准确地表达设计意图。AutoCAD 通过定义层的颜色可生成彩色的图像，但是图面效果稍欠丰富。为了弥补图面效果的不足，目前，在设计界还经常采用另一种方法，即 Photoshop 和 AutoCAD 结合的方法，这种方法会把 AutoCAD 文件导入到 Photoshop 中，充分利用 Photoshop 强大的渲染功能来绘制平面效果图。

（2）效果图

在园林景观设计中，设计师常用效果图来直观、清楚地表达设计意图，与手工绘制的效果图相比，电脑绘制的效果图具有准确、逼真的特点，并且根据设计意图，其更容易调整。

①常用软件简介。园林景观效果图的制作一般需要经历三个历程：三维建模；渲染；后期图像处理。

②绘制过程。在园林景观效果图的绘制过程中，每个阶段都各有侧重。园林景观效果图不同于建筑效果图，主要是侧重室外景观环境整体效果的表达。因此，在建模阶段，设计中的园林建筑和建筑小品、道路、水体、地形需精心刻画，设计环境周围的建筑物绘制可以粗略一些。园林景观效果图中的植物、人物、天空、汽车基本上都是在后期处理阶段完成的。

第一，三维建模。三维建模是制作园林景观效果图的第一步，这一过程对渲染、后期处理及最后的效果都影响较大。

AutoCAD 系列软件和 3DS MAX 系列软件均可用于三维建模，二者都是 Autodesk

公司的产品，在数据传输方面几乎实现了无缝连接，将两者相结合建模，效果会更好。

在建模之前，首先，要理解设计方案，通过效果图较好地表达设计意图。其次，确定待建模型的繁简程度，因为模型的繁简程度对效果图的制作影响较大，既影响建模的效率，又影响后期渲染的速度和成图以后的整体效果。因此，在建模时，要预先估计透视角度，省略透视图中不可见部分。对设计重点部位仔细刻画，其余可作适当简化，做到重点突出。

在利用 AutoCAD 建模时，要注意将同一材质的物体尽量放在同一层上，这样在导入 3DS MAX 后，可以将每层上的物体视为一个对象进行处理。

和建筑建模内容略有不同的是，园林景观效果图中经常用一些自由曲线建模，如地形建模等。用 AutoCAD 进行地形建模不方便，而 3DS VIZ 中已有对地形建模的成熟方法，操作者只需在 AutoCAD 中绘出等高线，并赋予各条等高线不同高度，即可在 3DS VIZ 中进行拟合建模。

第二，渲染。渲染是三维模型制作中不可或缺的一步，它通过视角选择、光照设计、材质定义和环境设置等多个方面的操作，能够生动地展现模型的质感和光线特性，为观众带来更加真实和震撼的视觉体验，这是手工渲染难以实现的。

在 3DS MAX 中，设置灯光是非常重要的，它的作用是影响场景中构件的明暗程度，光源的颜色和亮度也影响空间的光泽、色彩和亮度。在光源和材质的共同作用下，景物才能产生强烈色彩和明暗对比。在模拟日光时，一般都用聚光灯来进行模拟，将聚光灯放置在离场景较远的地方，可以产生近似平行的光线，可以较好地进行日光模拟。3DS MAX 还提供了多种贴图类型，能满足各种效果的需要。在赋予景物"材质"时，设计师要注意把握各种材质的尺度。

在对模型布置好"灯光"和"材质"，并通过设置"相机"选择合适的透视角度后，就可以进行渲染。渲染速度与计算机硬件配置、模型的复杂程度、场景中的阴影、反射、贴图的数量、光源的设置都有直接关系。经过渲染所得的 JPG、TIF、TGA 格式文件，可在 Photoshop 后期处理软件中直接调用。

第三，后期处理。后期处理对于园林景观效果图绘制来讲相当重要，效果图中的植物、天空、人物等配景基本上都是在这一过程中完成的。此阶段常用 Photoshop 软件来处理效果图。在 Photoshop 中增加配置时，需注意背景图片的透视角度和色调要与整个画面相协调统一。

　　以上通过计算机绘制的平、立面图和效果图属于静态园林景观的表现，为了更为逼真形象地体现设计思想，现在可以通过计算机辅助设计中的视觉模拟来表现设计师所设计的园林动态景观，使设计对象与人产生动态联系；它是通过动画设计软件的照相机视窗，模拟人的视点、视域在游览线上的旋转和移动，形成一连串的视点轨迹，使人有身临其境的真实感，这是手工设计不可能实现的。目前，常用的制作计算机动画的软件是美国 Autodesk 公司推出的以微机为平台、被誉为"动画制作大师"的 3DS MAX 软件包。具体的制作过程较为复杂，可以参考相关动画制作书籍来学习。

　　随着计算机硬件和软件技术及园林景观设计行业本身的发展，计算机辅助设计会越来越多地应用到园林景观设计之中，使园林景观设计建立在更科学、精确的基础上，推动园林景观设计向更为科学的方向发展。

第五章 园林景观设计的不同类型

本章为园林景观设计的不同类型，主要介绍了四个方面的内容，分别是街道景观设计、城市广场景观设计、城市公园景观设计、居住区景观设计。

第一节 街道景观设计

街道是人们认识城市的重要场所，是构成城市形象的重要因素之一。街道景观是城市空间中最有生机、最具活力的空间形态，集中反映着街道的功能。街道景观设计指通过合理安排街道景观中的各种因素，创造出美观、实用、简洁的街道景观，充分发挥街道景观的功能与作用。

一、街道的类型

（一）车行道

车行道是指供各种车辆行驶的道路类型。进行车行道景观设计时，应充分考虑驾驶者在车辆行驶状态下对景观审美的动态需要，沿途景观设计应富于变化；同时，要考虑车辆行驶的安全需要，行道树设计应简洁明了，不影响驾驶者的视线（图5-1-1）。

图 5-1-1　车行道

（二）步行街道

步行街道是指以步行交通为主的道路类型。步行街道集中反映了城市文化的总体特征，是城市空间环境的重要组成部分。城市中的步行街道有很多种，其中商业步行街是最重要的一种。商业步行街是集购物、娱乐、休闲、观光于一体的场所。商业步行街的景观设计一般通过运用各种景观要素，如植物、铺装、雕塑、座椅等营造舒适宜人的购物环境和繁荣的商业氛围。还有一些城市的商业步行街会与本地的旅游资源相结合，突出展示城市的历史文化、民俗风情等，如北京王府井大街、巴黎香榭丽舍大街等。

（三）人车混流型街道

人车混流型街道是指步行者和车辆共同使用的交通空间。进行此类道路景观设计时，应以创造安全、秩序良好的道路景观环境为目标，以满足车行和人行交通两方面的需求。

二、街道景观设计的原则

（一）安全性原则

安全性原则是街道景观设计的首要原则。设计师在进行街道景观设计时应充分考虑交通安全的需要，不仅要创造良好的景观环境，而且要满足交通安全需求，避免影响街道的正常功能。例如，在车行道景观设计中，如果要在道路交叉口与弯道内侧种植树木，需在规定范围内种植，并且要保证其不会阻挡驾驶员的视线，以保证行车安全。

（二）人性化原则

人性化原则是街道景观设计的重要原则，主要是指人的行为及心理需求在街道中的满足程度。设计师在进行街道景观设计时应充分考虑人的基本行为需求，如出行、安全防护、公共信息等；还应考虑人的审美需求，从街道景观的总体风格、色彩搭配、艺术装饰等方面整体考虑。此外，设计师还要尊重和理解市民对街道景观的心理需求。现代城市的生活节奏越来越快，街道中的车流、人流都行色匆匆，城市生活的压迫感愈发明显，因此在进行街道景观设计时，设计师应尽可能营造出一个放松、自由、和谐融洽的环境氛围。

（三）整体性原则

城市街道是一个有机整体，进行街道景观设计时应统筹考虑生态、社会、经济的关系，协调道路沿线各功能地块的总体景观建设。街道景观设计的整体性原则可以从两方面来理解：一是从城市整体出发，要体现城市的形象和个性；二是从街道本身出发，要将一条街道作为一个整体考虑，统一考虑街道两侧的建筑物、绿化、设施、色彩、历史文化等。

（四）可持续发展原则

规范资源开发行为、减少对生态环境的破坏、实现景观资源的可持续利用是城市景观设计的重要原则。街道景观设计的可持续发展原则追求的是人与自然、当代人与后代人之间的一种协调关系。街道景观设计必须以保护自然环境为基础，使经济发展和资源保护的关系始终处于平衡状态。自然景观资源和传统景观资源都是不可再生资源，在景观设计中，设计师要对自然景观资源和传统景观资源加以合理保护与利用，以自然景观资源、传统景观资源为设计基础，创造出既有自然特征，又有历史延续性，还具有现代性的街道景观。

（五）连续性原则

街道景观设计的连续性原则主要表现在以下两个方面：一是视觉空间上的连续性，街道景观的视觉连续性可以通过道路两侧的绿化、建筑布局及风格、道路环境设施等的延续设计来实现；二是时空上的连续性，城市街道记载着城市的演进，反映出某一特定城市地域的自然演进、文化演进和人类群体的演进过程。街道景观设计就是要将街道空间中各景观要素置于一个特定的时空连续体中加以组合和表达，充分反映这种演进过程。

三、街道景观设计的要点

城市街道景观设计以城市设计理念为指导，从城市总体出发，对街道空间构成要素进行统筹安排。城市街道景观设计在满足其交通功能的同时，还要考虑其视觉效果。

（一）安全第一

安全性原则是街道景观设计的首要原则，因此，无论在何种条件下，车辆、行人都能安全地使用街道便是街道景观设计第一考虑因素。车行道上的车辆速度较快，设计时要以直线或大半径的曲线为主；注意路标的整体导向效果，保证其明确醒目；道路隔离带要多种植茂密的植物，以减少对驾驶员视觉的干扰，同时减少噪声。步行街在设计时要注重整体性和细节，满足人们在步行街游憩、休闲、购物等多样化的活动要求，但要以安全为第一要点。

（二）有序高效的标识系统

城市标识是城市信息的载体，设置标识的目的是把错综复杂的信息准确迅速地传达给目标人群。城市街道是标识系统的体现场所。为了满足行人的需求，标识设计应朝人性化、智能化、规范化、系统化、专业化等方向发展，为行人提供有序高效的城市标识系统。

街道标识种类繁多，形式各异，有交通标识、地名标识、引导标识、规章制度说明标识等。标识的形式、具体位置、高度、文字大小、颜色等都需要设计师仔细考虑，以便行人能够准确地获取所需信息。例如，交通标识应简单明了，需考虑其和主要交通路口的距离及出现的频率，以保证人们能及时发现并找到自己的方向，及时调整路线。此外，标识设计还应结合该街道的特色，使其与街道环境相协调。

（三）景观创新与历史保护并重

街道景观作为城市文化的一种载体，进行设计时必须首先着眼于当地的文化传承，寻求现代与传统的巧妙结合，使城市的街道景观具有自己的地域特色。城市景观环境中那些具有历史意义的场所往往会给人们留下较深刻的印象，也为城市特色景观的建立奠定了基础。城市街道景观设计既要尊重历史，同时也要向前发展。进行街道景观设计时，设计师要探寻传统文化中适应时代要求的内容、形式与风格，并在此基础上创造街道形象。

第二节　城市广场景观设计

城市广场是城市中最具公共性、最富艺术感染力、最能反映现代都市文明魅力的开放空间。城市广场作为城市中重要的建筑，起着当地市民的"起居室"，外来旅游者"客厅"的作用。城市广场景观设计对塑造城市形象起着至关重要的作用。

一、城市广场的分类及功能

城市广场是为满足不同城市居民生活需要而建设的，由多种软、硬质景观构成，以步行交通为主，具有一定主题思想和规模的户外公共活动空间。

（一）市政广场

市政广场通常位于城市中心地带，是各类集会、庆典、游行、检阅、礼仪、传统民间节日活动的举办场地，具有浓厚的政治、文化色彩，如北京天安门广场、莫斯科红场等。市政广场人流量大、群众聚集时间较长，一般面积较大，设计时以硬质铺装为主，以保证游客视野开阔和行动畅通无阻，不宜过多布置娱乐性建筑及设施，以便于大量游客活动；可以在周边设置公共设施及绿化景观等，为市民和游客提供娱乐休闲活动场地。

（二）交通广场

交通广场作为城市交通系统的有机组成部分，是交通的连接枢纽，在交通方面具有集散、联系、过渡及停车等作用。交通广场通常分为以下两类。

1. 环岛交通广场

一般位于城市道路交汇处，通常呈环形岛屿状，是以绿化、大型雕塑、构筑物为标志的景观。

2. 站前广场

站前广场位于城市交通内外汇合处，如车站、机场、码头等处的广场。规划时，应注意人、车进出站时的分流，避免出现交叉和干扰，以保证各方安全；各条线路要分区明确、标识清晰（图5-2-1）。

图 5-2-1　站前广场

（三）商业广场

　　商业广场一般设置在商业中心区，是进行集市贸易和方便人们购物的广场，一般会把室内商场和露天、半露天市场结合在一起。商业广场景观设计一般采用步行街的布置方式（图5-2-2），使商业活动区比较集中，这样既能满足人们购物、休闲、娱乐的需求，又可避免人流、车流的交叉。同时，广场中还可布置一些建筑小品及休闲娱乐设施供人们使用。

图 5-2-2　商业广场的步行街

（四）宗教广场

宗教广场主要用于宗教活动，四周一般与宗教建筑和宗教纪念物等相连，方便宗教人士聚会及举办宗教仪式等，有浓厚的宗教氛围，如罗马的圣彼得广场。

（五）纪念性广场

纪念性广场是为纪念某个人物或某个重要事件而设计的广场，如南京中山陵广场。因此，纪念性广场一般会在广场中心或侧面设计纪念雕塑、纪念碑、纪念物等作为标志物。为了满足纪念气氛及象征的要求，标志物一般位于设计构图中心。为了突出纪念主题的严肃性和文化内涵，纪念性广场应该尽量设置在宁静的环境中，广场上的建筑物、雕塑、绿化、铺装等应风格统一、互相呼应，以加强整体的艺术表现力。

（六）休闲娱乐广场

休闲娱乐广场是城市中供人们休憩、交流、游玩、演出及举行各种娱乐活动的广场。休闲娱乐广场景观设计比较灵活，布局相对自由。由于是人们进行休闲娱乐活动的场所（图5-2-3），因此休闲娱乐广场应具有轻松欢乐的气氛，设计时应以舒适方便为目标，围绕一定的主题进行构思。广场中应布置台阶、坐凳等供人们休息，设置花坛、雕塑、喷泉、水池及建筑小品等供人们观赏。

图 5-2-3 居民休闲广场

二、城市广场景观设计的原则

（一）以人为本原则

一个聚居地是否适宜，主要看公共空间和当地的城市"肌理"是否与其居民的行为习惯相符。城市广场作为城市居民的公共活动空间，其设计应充分体现对人的关怀。城市广场的规划设计应以人为主体，体现其人性化特点，设计师可通过巧妙的绿化设置、设施设置及交通组织，实现广场的可达性和可留性，强化广场作为公众中心的场所精神。例如，广场上要有足够的空间供人们活动，还需有坐凳、饮水器、公厕、电话亭、小售货亭等服务设施，广场景观的设计均应以人为中心，时时体现为人服务的宗旨，处处符合人体的尺度。

（二）效益兼顾原则

城市广场的功能具有综合性和多样性特点，现代城市广场综合利用城市空间和综合解决环境问题的作用日益显现。因此，城市广场规划设计不仅要有创新的理念和方法，而且还应体现出经济与社会、环境协调发展的思想。

城市广场规划建设是一项系统工程，涉及建筑空间形态、立体环境设施、园林绿化布局等方面。在进行城市广场规划设计时，设计师应时刻遵循经济效益、社会效益和环境效益并重的原则，当前利益和长远利益、局部利益和整体利益兼顾的原则，切不能有所偏重。例如，如果某火车站广场规划建设时只考虑经济效益，而忽略社会效益与环境效益，就可能会造成交通拥挤、环境污染等问题，会使市民怨声载道，游客望而却步，极大地损害城市形象。

（三）文化内涵原则

城市广场建设应继承城市本身的历史文脉，适应地方风情及民俗文化，突出地方建筑的艺术特色，以增强广场的凝聚力和吸引力，避免游客有千城一面、似曾相识之感。此外，城市广场还应突出地方的自然特色，即适应当地的地形地貌和气温气候等，如北方广场强调日照，南方广场则强调遮阳。例如，济南泉城广场代表的是齐鲁文化，体现的是"山、泉、湖、河"的泉城特色；西安钟鼓楼广场则注重把握历史的文脉，整个广场以连接钟楼、鼓楼，衬托钟鼓楼为基本使命，把广场与钟楼、鼓楼有机结合起来，具有鲜明的地方特色。

（四）生态环保原则

广场作为城市中的绿色生态空间，应成为城市绿色生态系统中的一部分，因此广场设计应遵循生态规律，减少对自然生态系统的破坏。传统的广场设计倾向于大面积的硬质铺装，少有绿化，而现代广场设计在满足广场基本功能的条件下，会考虑绿化和其他人性化的景观元素。

三、城市广场景观设计的要点

广场一般具有较为开阔的视野和较为完善的公共设施，是人们驻足欣赏城市建筑景观或进行休闲娱乐的最佳场所，是人们休息放松的地方。良好的广场景观可以增强人们对城市的认同感、自豪感。设计师在进行广场景观设计时应注意以下要点。

（一）城市广场的"定位"

要对城市广场进行"定位"，就要考虑功能性与观念性两方面的因素。城市广场的"定位"不同，其文化内涵与风格倾向也就不同。只有确定城市广场的"定位"，才能在景观设计中融入与此相关的设计要素，以多样化的风格、面貌吸引人们的关注与参与。例如，市政广场一般定位为纪念性及庆典性广场，整体氛围及雕塑小品较为庄严、稳重、典雅、雄伟；商业广场一般定位为娱乐性、多功能性的广场，应给人以轻松、休闲之感；文化科技教育及文化游览等性质的广场，其设计多倾向于高雅、深沉、富有文化哲理、富有个性化特征；区域的休闲广场，其定位多为方便、实用、安逸、舒适，景观小品则倾向亲和、趣味性，或与社区文化产生某些关联，便于融入社区的日常生活环境中。

（二）城市广场的形态

城市广场是开放的公共空间，具有集会、交通集散、商业服务及文化宣传等功能。现代城市广场有平面型和立体型两类，平面型广场较为常见，指步行、车行、建筑出入口、广场地面等都处于一个水平面上，或略有上升、下沉；立体型广场是指通过垂直交通系统将不同水平层面的活动场串联为整体的空间形式，上升、下沉和地面层相互穿插组合，构成一幅既有仰视，又有俯视的垂直景观，它与水平型广场相比，更具层次性，但其水平视野和供人活动的场地相对较小。在广场景观设计中，设计师对于广场空间的形态设计要尽量寻求变化，以便满足人们视觉上对景观变化的需要。

（三）城市广场的区域划分

城市广场的区域划分应融合自然要素，给人们提供不同性质的活动空间，以适合不同年龄层、不同文化层次的市民的社交与沟通需要。在广场景观设计中，要根据人们的不同活动内容，如拍照、戏耍、玩水、闲谈、观景、打电话、小吃、选购等进行区域划分。区域的划分尽量化大为小，集零为整，以给人们提供多样化的活动空间。区域之间尽量用台阶、坡面等连接，使广场上下层的活动尽收人们眼底，并与城市产生有机联系，给人以视觉上的愉悦。

（四）城市广场景观设计的内容要求

1. 广场的视觉形象

广场要有鲜明的视觉形象及丰富的人文内涵，如广场的小品、绿化、照明、服务设施等，都要反映特定的主题性的广场文化氛围。

2. 广场的地面铺设

既要有足够的经过铺装的地面以满足人们的活动要求，又要保证有不少于广场面积 25% 的绿化景观，为人们提供庇护的同时丰富广场的层次和色彩。

3. 广场的公共设施

广场应设置饮水器、公厕、电话亭、售货亭等便民服务设施，还要设置一些雕塑小品、喷泉等景观，以提高广场的亲和性与艺术感染力。

4. 广场的空间表现语言

设计师可以通过一定的艺术设计手法，使广场体现出城市与区域文化之间的关联，以吸引公众参与文化活动，唤起公众对城市的情感。

5. 广场的交通疏导

广场设计要以城市规划为依据，处理好周边的交通，保证行人活动的安全。除交通广场外，其他广场一般限制机动车辆通行。

6. 广场的生态环境

广场景观设计要结合规划地的实际情况，遵循生态规律，减少对自然生态系统的干扰，或通过合理规划恢复、改善生态环境。

第三节　城市公园景观设计

城市公园是指可供公众游览、观赏、休息、开展科学文化活动及锻炼身体等，且具有较完善的设施和良好绿化环境的公共绿地。公园是城市开放空间的重要组成部分，也是城市设计的重要内容。一个功能齐全而独具特色的公园可以反映一个城市的文明水平和对市民需求的满足程度，很多情况下人们甚至会将公园数量的多少作为衡量一个城市生态建设和精神文明建设水平的重要指标。

一、城市公园的分类

作为城市开放空间的一部分，不同规模和类型的城市公园在内容、功能等方面也有所不同，具体而言，城市公园可以分为以下几种类型。

（一）综合公园

综合公园是指城市中集休息、游览、文化娱乐等功能于一体的公共绿地，它可以满足人们休闲、娱乐、教育、体育运动等多种活动需求。综合公园的面积一般比较大，且自然条件良好、风景优美，园内有丰富的植物。同时，公园的设施设备齐全，能适应城市中不同人群的需求。

（二）社区公园

社区公园是指为一定居住用地范围内的居民服务的公共绿地，是居民进行日常娱乐、散步、运动、交往的公共场所，通常包括居住区公园和小区游园两类。社区公园同居民生活关系密切，公园内要有适合居民日常休闲活动的场地和相应的设施。此外，社区公园还需要在灾害来临时为居民提供避难地，因此园中还需设置有消防栓等防灾设施。

（三）专类公园

专类公园是指有特定内容或形式的公园，通常以某种功能为主导。例如，以植物科学研究、科普、展示为主的植物园；以动物研究、饲养、展览为主的动物园；以游乐为主的游乐园；以异国文化为主题的主题公园等。还有服务于某一特定群体的公园，如儿童公园、疗养园等。

（四）带状公园

带状公园是指城市中达到一定宽度（8 米以上）的带状公共绿地，通常设置在城市道路的两侧，或河、湖、海两侧。带状公园主要用于城市居民的休息、游览，其中可设小型服务设施，如茶室、休息亭廊、座椅、雕塑等；植物配置以遮阴大树、开花灌木、草坪花卉为主。

（五）街旁绿地

街旁绿地是指位于城市道路用地之外，相对独立或成片的绿地，包括小型沿街绿化用地、街道广场绿地等。

二、城市公园景观设计的原则

（一）地方性原则

城市公园景观设计应尊重传统文化和乡土知识，应以场所的自然环境为依据，这些自然环境包括场所中的阳光、地形、水、风、土壤、植被等，将这些因素结合到设计中，从而保证场所的顺利运行。设计中所需的植物和建材应就地取材，以体现地方特色，这也是设计生态化的一个重要方面。

（二）整体性原则

城市公园是一个协调统一的有机整体，设计师应当注重保持其发展的整体性，景观规划要从城市的整体出发，以城市的空间目标与生态目标为依据，考虑公园建设的位置、性质和规模，采用适宜的景观规划方式，从宏观上真正发挥城市公园景观改善居民生活环境、塑造城市形象、优化城市空间的作用。

（三）以人为本原则

人是景观的主体，任何空间景观设计都应以人的需求为主，体现出对人的关怀，城市公园景观设计也不例外。城市公园景观设计要适应社会变化的需求，从人体工学、行为学及人的需求出发，根据当代人的行为心理特征，研究人们的日常生活活动并以此为设计依据，认真分析本地区城市居民的年龄结构，合理设置健身场所和运动器械，充分考虑老年人和儿童的活动需要，努力创造充满生活气息和人情味的景观环境，体现城市对市民的人性化关怀。

（四）异质性原则

景观的异质性导致了景观的复杂性与多样性，从而使景观生机勃勃、充满活力。因此，在进行城市公园景观设计时，应以多元化、多样性为原则，使公园景观生机勃勃、充满活力，但要注意景观整体的和谐统一。

三、城市公园景观设计的要点

（一）充分翔实的前期准备

设计师需要全面收集公园项目的相关资料，包括城市总体规划标准，项目所在地的周边环境情况，气候、水文、地质等数据资料，与项目直接相关的图纸、文字资料，实地勘察之后获取的图、文、视频资料，同类型公园项目调研资料等；然后有重点地整理、总结、分析、研究这些资料，形成自己的理解和判断，为后面的设计工作奠定坚实基础。

（二）准确恰当的性质

公园设计的性质不一样，其设计的主题、内容、功能、服务对象及设计形式也就不同。通常情况下，在设计师接到项目之前，该项目在城市规划中已确定了其基本性质，性质不同，设计的方式当然也会不一样。设计师对公园性质的认定会受当地相关法规要求的限制和影响，但这并不是说设计师没有主动权，相反，该公园最终会在城市环境中处于什么样的位置、扮演怎样的角色、产生多大的社会效益和影响力、在同类公园中如何保证自己独有的特色，在很大程度上跟设计师个人的理解、修养与创造能力有关。

（三）精巧的立意与构思

在进行具体图纸设计之前，公园设计很重要的一步是确定立意与构思。立意与构思可以说是任何艺术创造的第一步，贯穿艺术创作整个过程，影响艺术品或设计作品的最终效果。在公园设计中，立意就是指整个设计的主题思想，而构思则是立意的延续，是在主题思想确定之后更具体化的工作总原则，用来指导设计工作的进行。

（四）合理规划布局

公园的布局规划要全面、协调，设计师在规划布局时要处理好公园与城市环境之间的关系，合理安排公园各个功能空间和组成部分的位置。整体布局规划包括公园出入口位置的确定，各功能空间和各景观元素的规划布局等方面的内容。

（五）尊重人的行为习惯

公园的服务主体是人，在进行设计时，必须充分考虑人的行为习惯，满足人的心理需求。例如，由于生理构造的原因，人在闲散无目的的状态下散步会习惯性左转，这可能会影响公园道路的方向、流线设计；人在行走过程中有求近心理，一些草地边角处常常被人踩踏出一条小路，设计时应注意避免这种情况；人都有从众心理，如果公园中某一区域人群集中，会吸引更多人的关注，作为设计师应考虑采用适当的方式对人群进行合理的引导；如果需要吸引人群，则要从场地大小、景点的趣味性等方面考虑。当然，人与人之间还存在着一定的社交距离，设计师应以此为参照来确定空间场地、设施尺度等。

四、城市公园景观设计案例——淮安九龙湖公园

（一）设计构思

1. 设计理念

"龙"是我国古代神话传说中的奇异生物，掌管降雨的神，是风雨的主宰，在中国象征着祥瑞。淮安九龙湖公园整体呈北窄、中宽、南窄的形态，以龙身的形态为设计雏形，加以提炼，经过反复推敲、整合，对水的利用及开发，公园的设计理念和定位也初步形成———一个处于生态共生背景下，集观景、休闲、游乐、文化等功能于一体的城市公园，打造科教园区内的"绿肺"、城市的"花园"、文化的"乐土"。

2. 设计亮点

（1）建筑和景观的有机融合

淮安九龙湖公园运用建筑景观化、景观功能化的设计理念，采用局部二层建

筑和屋顶花园相结合的设计，既解决了公园所在地的土方问题，又打造了多层次的空间。

（2）景观空间多重体验

多维空间的营造是淮安九龙湖公园设计的显著特点，人们可驻足于不同高度的休息平台，感受公园丰富的空间变化。园区的主体建筑与主园路相辅相成，建筑形态和走势与园路契合，使游客空间体验感丰富。

（3）生态湿地设计

淮安九龙湖公园以京杭大运河为补给水源，开凿水线，形成了蜿蜒的水系及绿岛，不仅可以丰富国内水体景观，还能降低水的流速，通过沉淀及水生植物净化水质，保证水面洁净。

（二）地形空间营造

1.平坦空间

低洼地位于公园的中心区域，由于此处含水量大，进行了开挖处理，使其局部形成了岛屿，地形起伏较为缓慢，沿滨水区形成环湖主要景观大道，形成开敞的滨湖景观区。

2.凹型空间

凹型地位于公园北侧，空间两侧地形高差4米，中间形成低洼地形，公园主干道贯穿其中，具有内向型特点，有效阻挡了外界的干扰和直接吹袭而来的风，同时，连通南北两块景观区，具有导向性作用。

3.凸型空间

凸型地位于公园西侧，地形高差有6米，做加高处理后，其形成整个滨湖景区的制高点，可以俯瞰整个公园的全貌，既丰富了公园的天际线，又减少了土方的外运。

（三）建筑物空间营造

1.建筑

淮安九龙湖公园提出建筑景观化，景观功能化的设计理念，采用局部二层、屋顶花园、亲水小筑相互结合的设计手法，建筑的形态走势均与主园路相互契合，山坡小径连接建筑和主路，既合理解决了高成本外运的土方问题，又能抬高了游客视野，使其从不同的高度感受景观的变化。

2. 空中栈桥

淮安九龙湖公园的空中栈桥以轻质的钢结构为主，减少了混凝土带来的笨重不便的视觉效果，既能连接东西两侧高的地形，方便使用者从儿童活动区到达运动区，还能俯瞰自然形成的谷（凹）地，栈道北侧可观赏开阔的阳光草坪，南侧可观赏紫薇花廊。

（四）景观空间营造及植物搭配

1. 开敞空间——滨河景观

（1）生态栈道

为增强湿地的景观，淮安九龙湖公园在岛屿之间以栈道连通，在道路节点增设亭子，形成对景空间的同时，满足游客的休息需求。植物可选择杉类植物，如中山杉、落羽杉，地面种植二月兰，水中种植千屈菜，打造小型湿地，调节公园小气候。

（2）亲水长廊

淮安九龙湖公园以湿地漫滩为大背景，临水设置亲水长廊，朝向开敞的湖面，与水岸形成对景空间。使休息的游客既能体验湿地的生态野趣，又能感受湖面的开阔。植物选择垂柳或旱柳，丰富水岸线及天际线。

2. 半开敞空间——中心活动场地

该空间位于正大路和天津路 2 条主干线的交叉口，是整个公园的形象入口，也是展现科教园区形象的主要之地。由于公园周边均规划为居住用地，人群较多。为了给居民提供一个集会场地，保留现状雕塑，需要根据雕塑的形式扩大场地，形成花型大广场，北侧与九龙湖水面相互连接，以朴树、桂花树等常绿树为背景，以银杏为主题，体现秋季景观特点。

3. 封闭空间——运动场地

该空间位于天津路辅道西侧，较为偏僻，设计了两个多功能球场，兼顾多种球类运动。由于球类运动会产生大量的噪音和粉尘，常用隔离林带将其分开，减少运动场地对外界的影响，同时，也使场内人员少受外界的干扰。植物配置以松柏类植物为主，少种花灌木，搭配常绿小乔木，多层次的植物组合能很好地隔离球场及道路的噪音。

4.氛围空间——儿童场地、湿地、樱花大道

（1）儿童活动场地

该空间位于建筑北侧，地形较高。根据儿童的活动特点、喜好、心理活动和行为方式，该地娱乐设施从"跑、爬、滑、摇、转"五个方面进行了设计，并结合地形融入到景观之中，场地铺装也选用不同颜色的安全塑胶，塑胶上有卡通图案、跳格子游戏等内容，提高了场地的趣味性。植物选择上采用无毒、无刺、无飞絮的品种，如波斯菊、蒲公英。

（2）微湿地

该空间位于中心湖北岸，作为"天然净水器"，其设计采用蜿蜒盘绕的线条轮廓，结合水中小岛，阻碍湖水流速，从而实现净水功能。植物选择以耐水湿的落羽杉为主，搭配千屈菜等植物，增强了湿地景观的多样性。

（3）樱花山

该空间由人工堆土构成山丘，设计在全园观景效果最佳处，登山可眺望水面及周边岛屿，全园尽收眼底。山顶设置休息平台，设置全园标志性小品，作为公园的标志性景观，休息平台上放置了石质桌凳，可供人群进行下棋、唱戏等活动。山丘西坡面以香樟木、女贞子、桂花树等常绿树为背景，东坡面以樱花为特色，搭配海棠、桃树等延长花期，下层种植柳叶马鞭草、梳黄菊，形成了一片浪漫花海。

第四节　居住区景观设计

居住是人类基本的生存需求，也是人类最主要的一项行为内容。随着人们生活水平的提高，人们对居所的观念也发生了很大的转变，外部环境的好坏已经成为人们选择居住区的一个重要标准。

一、居住区概述

居住区通俗上讲就是人们生活的住宅小区，是人们休息、调整状态的场所。居住区是人们一切行为活动进行的基础。人们在经过一天的紧张劳动后都要回归到自己舒心的居住区中休息、补充体力。居住区的规划是否合理、小区内的设施

是否完善、小区的安全与应急措施是否到位都影响着人们居住的心情。因此，居住区的景观设计十分重要。

（一）居住区规模

根据《城市居住区规划设计规范》的规定，我国的居住区共分为三个等级：居住区、小区和组团。其中，居住区 10 000～16 000 户，人口 30 000～50 000 人；小区 3 000～5 000 户，人口 10 000～15 000 人；组团 300～1 000 户，人口 1 000～3 000 人。

（二）居住区的用地组成

居住区用地包括住宅用地、公共服务设施用地、道路用地和公共绿地。

1. 住宅用地

住宅用地是指建筑占有的用地及其周围合理间距内的用地，其中包括通向住宅建筑入口的道路、宅旁绿地、储物间等。

2. 公共服务设施用地

公共服务设施用地通常称为公建用地，是指居住区内为居民服务的各类公共设施建筑占用的土地，包括活动广场、健身运动场、社区活动中心、停车场等。

3. 道路用地

道路用地是指居住区范围内的各类道路占用的土地。

4. 公共绿地

公共绿地是指满足规定的日照要求、适合安排活动设施的供居民共享的集中绿地，包括居住区公园、小游园、儿童活动场地等。公共绿地既装饰了居住区环境使其亲切而富有生气，又为居民提供了交流、活动的理想环境。

二、居住区景观的设计原则

（一）与生态发展相和谐的原则

居住区景观设计的目的之一就是改善和保护生态环境。因此，居住区景观设计应与生态发展相协调。这主要包括两方面的内容：一是指规划、设计、施工的过程要生态化，尽量做到因地制宜，节约资源、能源、材料等，减少污染，避免破坏自然环境；还应充分考虑生态环保材料的选择和可再生能源的利用，使居住区景观尽可能满足相关绿色环保制度的要求。二是指居住区景观环境应该与所在地自然生态环境一致，设计师要充分利用新技术，创造舒适的小区环境小气候，加强居住区环境的自然通风、采光能力，建立和完善小区内供水排水、供热取暖、垃圾处理等系统，创造环境优美、生态优良的小区空间。

（二）与人的自身需求相吻合的原则

居住区景观设计是为居民服务的，为居民提供生态和谐、舒适宜人的居住环境应是设计师的设计追求。因此，进行居住区景观规划设计时必须研究小区居民这个"主体"的需求，满足居民的心理需求和使用要求，创造舒适安逸、安全温馨、具有归属感的居住环境。居住区中各个空间要素的设计要适应不同住户的使用要求，为不同年龄群体的住户提供相应的活动空间。功能分区应注重动、静分区，为居民提供便捷路线的同时不干扰居民的正常生活和休息。在植物的选择上，应少用带刺植物，禁用有毒植物，低层住户房前房后的绿地应该起到规避视线和减少噪声干扰的作用，同时不影响住户通风采光。

（三）与城市历史文化相融合的原则

居住区景观设计要把握当地的历史文化脉络，注重人文环境的创造。我国地域辽阔，不同的地域有着不同的地理条件、气候条件和文化习俗。进行居住区景观设计时，要把握住当地的地域特色，创造出富有地方特色的景观环境。例如，碧水、蓝天、白墙、红瓦体现了青岛滨海城市的特色；小桥流水则是苏州江南水乡的特色。

三、居住区景观的设计要点

居住区景观的设计应注意居住和景观之间的整体性以及居住区景观的实用性、艺术性和趣味性。

（一）丰富的户外活动场地

居住区户外活动场地主要包括中心广场、休闲娱乐场地、健身运动场地、儿童和老人活动场地。

1. 中心广场

居住区中心广场是居民活动交往的中心空间，通常位于较开阔、宽敞的地带，其功能在于突出居住区特色，汇集居住区居民，增进邻里感情，展现小区文化，形成氛围良好的社区环境。中心广场既要为较大群体的活动提供集散场地，又要对空间合理分区以满足小群体、个体的活动需求。

2. 娱乐休闲场地

娱乐休闲场地的规模比中心广场小，一般分散布置在居住区中，为场地周围的住户提供休闲娱乐场所。休闲娱乐场地可以满足居民的体育健身活动需求，也可以结合喷泉、林地、树木、构筑物、草地、景墙等休闲景观项目，使居民既有休闲活动空间，也有美景可欣赏。

3. 健身运动场地

健身运动场地应设置在居民能够就近使用又不会扰民的区域，为保证活动人群的安全，场地中不允许有车辆穿越。

4. 儿童和老人活动场地

儿童与老人是居住区活动人群的主体，是在居住区中活动时间最长的人群。因此，需要为他们设置相对独立、安全、方便的空间。

儿童活动场地的设置应注意以下几点：一是场地要宽敞，视线通透，便于监护人照应看管；二是要与主要交通路线有一定距离，以保证儿童的绝对安全；三是地面铺装要采用柔软材质，如草皮、沙地、地垫等；四是植物要选择无刺、无毒、无刺激性气味的，低矮灌木要修剪整齐，以免划伤儿童；五是活动设施要丰富，趣味性要强，常见的活动设施有滑梯、秋千、水池、沙坑、滑板场、迷宫等。

老人活动场地的设置应注意以下几点：一是位置选择，可以靠近儿童活动场地，也可设置在相对安静的场所；二是要设置较多的休息设施，如桌子、板凳、棚架等；三是开辟适合老人的活动场地，如健身步道、晨练小广场等，并设置适合老年人健身的设施和健身器材。

（二）合理的道路规划

道路是居住区的构成框架，具有疏导交通、组织空间等功能，也是构成居住区景观的一道亮丽风景线。居住区道路是居住区景观设计中的重要内容，道路设计要方便居民出入，满足居住区的消防需要，做到安全、方便、通达，对低层住户无干扰。居住区的道路有居住区道路、小区路、组团路、宅间小路，还可以有专供步行的林荫步道，设计时应各有侧重。

1. 居住区道路

居住区道路是居住区内的主路，连接着城市干道、居住区主要出入口及其他类型的道路。居住区道路的最小宽度不宜小于 20 米，有条件的地区宜采用 30 米。

2. 小区路

小区路车行道的最小宽度为 6 米，如两侧各安排一条 1.5 米宽的人行道，道路总宽度为 9 米，即可满足一般功能需求。

3. 组团路

组团路用于连接居住区内的其他道路，路宽 3 米～5 米，以居民行走、散步为主，车行为次。

4. 宅间小道

宅间小道是指住宅楼之间的小路，路宽 2.5 米～3 米，主要用于人行通道，同时满足急救车、消防车临时通行。设计时应以多样的形式适应居民除通行之外的其他需求，如散步、健身、游玩等。

5. 园路（林荫步道）

园路是居住区内各个景观的骨架，可以将活动场地、景点与住宅楼联系起来，并可以引导居民深入绿地景观之中。园路通常因循地形地势的变化，形态曲折蜿蜒，自然活泼，也更具趣味性。园路的宽度根据场地的规模和使用功能来确定；园路的铺装材料可选择碎石、卵石、砾石等。

（三）完善的绿地

绿地设计是保证居住区环境质量的重要环节。根据居住区规模和空间使用情况，下文将主要介绍公共绿地、宅旁绿地、道路绿地等。

1. 公共绿地

公共绿地是指服务于整个居住区居民的集中绿地，跟小区中心广场的功能相似，有时候也可以合二为一。公共绿地的面积因居住区规模而有所不同，其位置通常位于居住区中心，以方便居民使用。公共绿地除了要有充分的绿化环境，还要给居民提供必要的活动休息场地，设置相应的文体设施。

2. 宅旁绿地

宅旁绿地是指分布在住宅建筑物周边的绿地，是小区绿地中分布最广的一种绿地类型。宅旁绿地最接近居民，常在居民日常生活范围之内，可满足附近居民休息、邻里交往、观景等需求，并起到保护低层住户隐私的作用。宅旁绿地的布局应与建筑的朝向、高度、类型、采光、楼间距、宅旁道路等因素密切配合；植物配置在注重视觉观赏性的同时，也要考虑其功能作用，应选择不影响室内采光通风、方便设施维护管理、便于交通行走的植物种类，为居民提供冬暖夏凉、四季有景、亲近自然的绿化空间。

3. 道路绿地

道路绿地是指小区道路两侧的绿地，一般呈线状分布在小区内，能够将各个功能空间串联起来，起到美化小区环境、减少交通噪音与灰尘、满足行人遮阴、观景需求的作用。道路绿化属于配套绿化用地，其设计的功能从属性较强，在干道上主要考虑防护和引导作用，需要选择生命力顽强、生态功能发达的植物物种；次级道路则需要结合道路功能和行人的行走体验进行设计。通常，道路绿地植被设计围绕游憩和观景进行，因此变化丰富，富有特色情趣。

（四）美观实用的景观小品

居住区中的景观小品包括景观构筑物、雕塑及各种服务性设施，进行设计时应兼顾美观与实用两方面的作用。首先，景观小品的服务对象是人，在设计时应先满足居民的行为需求、心理需求和审美观念；其次，景观小品是景观环境的一部分，景观小品的造型、色彩等应与整体环境相协调；最后，景观小品与人的接触频繁，要注意其使用的安全性及选材的耐久性。

第六章 园林景观设计的未来展望

随着经济全球化的发展，传承与创新成了摆在各行各业面前一个亟待解决的难题，风景园林也难以避免。由于人们生活方式的改变，传统园林形式已无法满足当下社会发展的需求，人们迫切需要一种既能在内容上符合时代需要，又能在形式上满足现代生活需求的现代园林景观设计。如何在民族精神、传统文化的基础上，传承古典园林景观的精华，创造出既具有时代精神又表达本土文化的现代园林景观，成为中国当代园林景观设计师的首要任务。

第一节 园林景观设计的驱动力

一、社会动力

（一）发展政策导向

中华人民共和国成立以来，园林事业作为社会公益事业，历届政府领导人都高度重视。园林事业是实现城市经济和文化发展的重要手段之一，是建设美丽中国、树立良好的城市形象、提升城市品位、美化环境、实现城市可持续发展的途径之一，所以各级政府在资金、土地、政策、管理等方面的投入力度都在不断加大。

随着我国社会、经济的发展和城市（镇）化进程的加快，城市、人口与环境、资源的矛盾日益突出，环境污染和生态破坏的问题增多，再加上全球一体化的发展，民族特色文化不断流失，如何保护自然生态环境并不断改善城乡生态环境，成为摆在各级政府面前的难题，所以政府在进行城市景观规划时，绿地规划成了其中备受关注的部分。近年来，园林旅游作为发展经济的第三产业得到了政府的大力支持。我国始终重视自然和文化遗产的保护与管理，但在风景园林领域如何将这些文化传承下来是一个新的难题。这道难题在对园林景观设计领域提出要求的同时，也为其提供了难得的发展机遇和巨大的发展空间。目前，风景园林作为生态文明建设的一项重要内容，已经成为提高人们生活品质、加快城市发展、构建和谐社会的重要基础，所以各级政府在费用和政策方面都会予以倾斜。另外，我国国际地位逐步提高，中外文化交流日益频繁，政府在打造国际形象和文化输出时对本土文化的需求变得更加强烈，这一方面是由于经济的发展；另一方面是由于举办奥林匹克运动会、世界博览会、世界园艺博览会等这样大型的国际活动本身就要求参与主体展示具有特色的东西，以对外宣传自己，同时参与主体希望通过这些行为来发扬自己的文化，提高知名度，增强人民对本土文化的认同感，增强人民对国家和民族的自信心、自豪感。地方政府在建设地方标志或公建项目时也要体现地方文化，如西安的大唐不夜城。

（二）文化认知回归

对传统园林的再认识是"新中式"园林产生的内在基础，使这种再认识出现的原因主要有以下几方面。

1. 保护文化遗产意识的觉醒

20 世纪 60 年代，中国开始设立文物保护单位；20 世纪 80 年代，我国建立了风景名胜区制度。1985 年，中国成为《保护世界文化和自然遗产公约》的缔约方，对世界文化和自然遗产的研究内容不断深入、领域不断扩大。2006 年，在国家公布了第一批《中国国家自然遗产、国家自然与文化双遗产预备名录》后，各地方政府也相继制定了各区域的自然和文化遗产保护法规或管理条例，包括文化景观、文化路线、非物质文化遗产等类型。随着对保护文化遗产认识的不断深入，自 1987 年至今，我国先后被批准列入《世界遗产名录》的世界遗产仅次于西班牙和意大利，是文化遗产、自然遗产、文化与自然双重遗产、文化景观遗产和非物质文化遗产等世界遗产类别最齐全的国家之一，也是自然和文化双重遗产数量最多的国家。在申遗的过程中，越来越多的人认识到保护民族文化的重大意义。与遗产保护相关的法规、公约、管理条例的出台，为"新中式"园林规划设计提供了更多的可参考内容，也在一定程度上提高了"新中式"园林的影响力。中国传统园林是中华民族的一笔宝贵的文化财富，理应得到传承和发扬，它能增强现代人的文化归属感，这也成了"新中式"园林传承传统园林的内在驱动力。

2. 快速发展形势下的反思

自改革开放以来，我国园林景观规划设计领域在发展过程中也出现了一些问题。其中，最大的问题就是园林设计中文化属性、民族属性和地域属性的缺失，造成了人们的情感缺失。中国大地就像一个大的世博园，各国的特色建筑、园林式样都能在中国找到相应的版本。为尽快缩短与发达国家的差距，向发达国家学习是途径之一，模仿和借鉴也是必经阶段。但如何在吸收消化蜕变之后形成自己的民族风格，是摆在人们面前的重要而严肃的课题；探寻新时代背景下新的民族文化也必然成为人们自觉的行动。

3. 环境问题的凸显

之前的一段时间里，全国多地出现雾霾天气，给人们的生活和出行带来了极大的不便。全球气候变暖、资源能源的过度使用、热带雨林面积的减少、濒危物种数量增加、罕见大灾难的发生等使越来越多的人认识到保护环境的重要性。"以人为本"是基于治理社会而提出的社会观，但不能施加在自然之上。在自然面前，应以自然为本。传统园林"天人合一""道法自然"的指导思想与"可持续发展"的理念不谋而合。这也给予了现代园林发展很大的启示，道法自然、尊重自然应成为我国未来园林发展的重要理念。现代园林从传统园林中汲取养分，也是历史发展的必然。

（三）市民生活对新园林的要求

我国地域辽阔，各地域在地理环境、风土人情、气候条件、经济发展等方面差异较大，这也奠定了我国园林形式多样化的基础。我国古典园林形式按地域划分有北方园林、江南园林、岭南园林。除此三大主题风格外，还有巴蜀园林、西域园林等形式，它们在共有的设计理念之上融合了历史、地理、人文特点，以独到的处理方式创造出了鲜明的园林特征。然而在社会飞速转型的推动下，中国传统园林的独有特色在现代化的进程中悄然隐退。相对而言，西方的园林理论体系比较成熟和完善，致使大多数情况下人们直接实行"拿来主义"，尤其是近年来兴起的欧陆风、地中海风、东南亚风使中国园林逐渐从人们眼前消失；雷同化、表面化、概念化的园林景观越来越多。人们对自己的生活环境日渐陌生，渐渐丧失归属感、场所感、认同感、方位感，陷入整体性"环境危机"中。因此，创造场所精神、寻求归属感、追寻具有本土特质的现代园林形式，要求园林具有深层次的内涵表达成了人们日益关注的问题。人们追寻园林的归属感和本土特质，并不是要回到过去，而是使其以传统文化为根源，随着时代进步、社会发展逐步形成具有本土特质的文化品质。新的园林形式可以在蕴含深厚文化底蕴的同时，满足现代人多样化的精神需求和生活需求。

二、经济动力

（一）经济基础制约园林发展

现代园林景观的兴起与社会生产力的提高有着必然的联系，只有当物质文明发展到一定的程度时，人们才会有意识、有觉悟地进行精神文明方面的建设。随着我国经济的飞速发展，人民的生活水平大幅提高，精神上的追求增多，追求美好的生活环境就成为必然。雄厚的经济基础和政府部门对环境的关注是园林景观事业发展的基本保障。随着国民经济的增长，公共设施建设固定资产投资也随之增长，有关单位对园林景观事业的投资也逐渐加大。

近些年，随着园林景观事业的发展，园林经济初见成效，在一定程度上促进了园林事业的发展。园林景观发展的宗旨是实现人与自然的和谐相处，寻求人与自然可持续发展的途径。可持续发展是园林建设的出发点，那么园林经济就是可持续发展的落脚点。涵盖园林经济活动的活动有景观资源和风景名胜区的生态保护活动、重大建设项目与自然协调活动、创建国家园林城市活动、城市景观设计活动及创造宜人优美的居住环境活动。这些活动的建设过程带动了相关产业的发展（材料产业、工艺设计），促进了城市经济的发展，这些直接或间接产生的经济效益，又保证了园林景观事业的持续稳定发展。

（二）市场经济促进园林景观的个性化与多样化

改革开放以来，我国各行业的竞争越来越激烈。把握好先机，通过产品的差异性提高产品竞争力是竞争者常用的手段。这些差异性体现在产品的性能、质量、款式、档次、产地、技术、工艺、原材料及售前售后服务、销售网点等方面。对于园林景观设计而言，差异性就体现在设计风格、设计理念、科技含量、舒适度、人性化、可持续发展等方面。中国城市化进程的加快和房地产业的空前活跃，为园林景观规划设计提供了巨大的发展空间。在使用者对异国园林景观的热情降低，对本土传统园林景观关注度提高的形势下，投资者和开发者开始敏锐地捕捉到传统园林景观的回归和市场的巨大需求，也意识到其美好的发展前景，再加上媒体的宣传包装和市场策划，传统园林形成了品牌效应，提高了人们对传统园林的关注，从而形成了推动"中式"园林发展的重要动力。"中式"园林风格区别于以往的园林风格，因为其弥补了现代人们心理上和情感上的缺失——民族的认同感和文化的归属感；就生活方式和审美观念而言，带有我国古典园林风格的设计更符合现代中国人的需求，并且有利于传承中华民族优秀文化。这些差异性为"新中式"园林风格赢得了好评，相关衍生产品在同行竞争中占据优势，带来了巨大的经济效益。这些都为"新中式"园林的发展打下了基础。

三、专业动力

（一）本土园林是中国园林的发展方向

纵观园林发展史不难发现，园林的产生和发展与社会制度、生产力水平、经济、文化等方面有着密切的关系，可以说园林发展的历史就是社会发展的历史。每一个时代的园林必定带着这一时期的时代烙印和社会特点，园林事业也在曲折中前进。20世纪初，我国处于内忧外患的状态，战事频发，经济颓废，人们对园林艺术也就无暇顾及。中华人民共和国成立之后，随着社会生产力的发展，经济建设的力度不断加大，人民生活需求逐渐增加，园林事业获得了新生，并因时代的不同，被赋予了新的内涵。20世纪80年代以后，借鉴西方发达国家的做法，我国园林事业在起伏中不断前行。进入21世纪，随着社会的发展和人们生活水平的提高，我国的园林事业更是迎来了前所未有的强势发展时期，面貌发生了巨大的变化，但也带来了一些问题。例如，在规划设计上丢失了民族性，盲目照搬国外风格，创新能力不足，对环境生态问题关注不够等。随着社会的进步，人们在思想观念、生活方式、文化认知等方面也发生着变化，总结历史经验，及时弥补不足，是我国园林事业发展的必由之路。现代园林景观规划设计是在总结我国园林发展的经验教训，借鉴西方发达国家的先进理论和方法的基础上，对发展具有中国特色的现代园林事业的一种新的探索。园林事业过去几十年的艰辛发展，从侧面说明了传统园林是现代园林发展的新方向，勾勒了园林未来发展的辉煌前景。

（二）包容中外、汲取精华是我国园林的发展方向

20世纪20年代，一些高等院校的建筑专业和园艺专业开设了庭园学、庭园设计、造园等课程，中华人民共和国成立之后，风景园林学被确立为一门现代学科。21世纪，中国园林的专业教育走上了一条包容中外、汲取精华的道路。目前，园林相关学科教育目标已经逐步明确，教学队伍也在不断壮大，为我国园林的发展提供了充分的理论研究和大量的专业人才。2011年，风景园林被正式列入110个一级学科之列，风景园林学的社会地位得到了承认。基于现代社会的发展要求，风景园林学的范围也在扩大，注重科学性和技术性的结合，目前已经扩展到包括传统园林学、城市绿化和大地景物规划在内的三个层次，其与建筑界城市规划与建筑学专业、农林界观赏园艺专业、艺术界环境艺术专业、地学界区域规划与旅游专业、资源环境界资源与生态专业、管理界旅游管理与资源管理专业等方面产生了紧密的联系。这些发展变化有力地改变和完善了中华人民共和国成立以来我国风景园林学发展中存在的不足，使风景园林朝着一个科学的、可持续发展的方向前进。

此外，各国之间交流与合作日益频繁有助于我国风景园林学及时学习国外先进的理论和实践经验，有助于其深入了解学科内容、增强专业实力，还有助于其更好地认识和理解过去与现在、传统与现代，从容面对专业教育的兼容并包，为未来发展奠定坚实的基础。由此，中国园林也进入新的发展时期，即建设有中国特色的现代园林时期。

（三）园林景观设计市场应走规范化、国际化的道路

随着我国经济改革的不断深入，市场化程度越来越高，园林行业体系也在不断变化并逐步走向成熟，在这个过程中，园林行业内容得到了极大的丰富。在20世纪90年代以前，园林景观设计单位不多，但特色鲜明。近几年，由于实践项目激增，相关行业（林业和环境艺术）以生态和景观的名义，打破行业界限，并渗透到园林规划设计领域。之后，园林景观设计也和其他学科，如植物学、城市规划学、人文学、建筑学、环境心理学、材料学等有了更多的交叉和融合。国外的园林景观设计公司、留学海外的学者也看重国内园林市场，纷纷加入其中，给中国的园林市场带来了新的思想理念和丰富的实践经验，潜移默化地影响着我国园林行业朝着规范化、国际化方向发展。从上面可以看出，现代园林的发展已经具备了足够的包容性。中国园林发展历史有上千年，中国园林的发展过程也是不断借鉴外来文化、融合外来文化的过程。例如，皇家园林圆明园通过借鉴西方园林中的特色，成了中国园林史上辉煌的一页。中国现代园林的发展也具有一定的前瞻性。造园不再是一朝一夕的事情，而是在服务年限内持续、动态发展的过程。在园林设计之初，设计师要预测场所的服务范围、使用群体及随着时间的变化可能发生的变量需求，这就使园林景观设计必须有一定的前瞻性，保证园林朝着可持续发展的方向发展。

中国现代园林的发展是多元化的。中国地域广阔，各个地方的园林发展基础也不尽相同，风俗文化大相径庭，使用者的需求也不同，加上各个区域经济发展不均衡、政府投资差异等导致园林的发展呈现出多元化特征。

中国园林发展呈现出的包容性、前瞻性、多元化特征，使中国园林市场在面对外界众多的园林形式、园林文化时保持了清醒的头脑，坚持"民族的才是世界的"，为"新中式"园林的发展提供了良好的基础。

四、技术动力

与古典园林相比较，现代园林就是高科技的产物，科学技术渗透到了每一个项目的每一个环节、每一个分支。在一个项目设计的过程中，计算机技术是应用最多的，辅助分析软件有地理信息系统；计算机制图软件有 Auto CAD、Adobe Photoshop、3DS Max 等。计算机能提供一个虚拟的"真实"环境，并根据各种比例、参数的计算使园林设计更加合理、完善。项目施工过程中涉及最多的是生物技术，如村地改造，水体或土壤改良，生态恢复，园林植物的引进、培育、改良，等等。在完成的项目里还会牵扯到很多其他的技术，如光伏发电技术、光纤照明技术、监控电子解说导游系统、新型材料（防滑防冻裂的铺装材料、快速凝固生态挡墙护坡材料）。这些技术的应用大大提高了园林的科学性、合理性、生态性、人文性，同时也拓展了学科范围。

现代技术的快速发展和应用，给风景园林学科的发展插上了腾飞的翅膀。现代技术和理论的引入，为园林设计提供了新的思维、新的方法论、更丰富的技术手段和更具表现力的表达方式，给风景园林这一传统学科以全新的面貌展示自我。现代学科的发展特征，即社会科学和自然科学的相互渗透，促进了各学科之间的融合。现代园林学科以科学技术为主导力量，以保持生态平衡、美化环境为主导思想，以满足大众行为心理为目的，来解决不断出现的现实问题。

第二节 园林景观设计存在的问题

一、认识有待深入

认识是实践的基础，是行动的指南。充分认识各个时期的园林景观，才能实现对上一阶段的超越。设计师面对市场上众多标榜自己是"中式"风格的园林景观作品，该如何去判断、如何去认识，这些都成为亟待解决的问题。"中式"园林景观还处于一个朦胧的发展状态中，理论体系和知识体系的构建还不充分，评价体系也还不完善，人们对其认识程度还不够深刻，这是新事物发展必须经历的过程，也是当代园林景观设计行业的人员必须认识和攻克的困难。我国学者认为"中式"园林景观是一种造园倾向，并没有对其做出一个量化，对其特征、要素也没有提及。"中式"是传统中国文化与现代时尚元素在时间长河里的邂逅，其以内敛沉稳的传统文化为出发点，融入现代设计语言，为现代空间注入了凝练唯美的中国古典情韵；它不是纯粹的元素堆砌，而是通过对传统文化的认识，将现代元素和传统元素结合在一起，以现代人的审美需求来打造富有传统韵味的景观，让传统艺术在当今社会得到恰当体现，让使用者感受到深厚的传统文化的一种设计风格。"中式"风格应通过对传统文化的认识，将现代科技和优秀传统相结合，从纷乱的"模仿"和"拷贝"中整理出头绪，让中国传统艺术文化在当今社会得到传承和体现。"中式"风格既是在探寻中国设计界本土意识之初逐渐出现的新型设计风格，也是消费市场孕育出的新时代产物。如果这个体系存在，那么在"中式"园林发展的过程中就可能避免或减少质量不合格作品的出现，使"中式"园林景观设计走上规范化发展的道路。

二、实践有待深化

现代园林景观设计发展到目前的状况已经明显地暴露出一些问题。其一，如何在更大面积上和更多类型上落实。在城市绿地系统规划中，以面积大为特点的项目和多类型的项目普遍存在，如主题公园、综合性公园、遗址性公园等。通过分析园林景观中颇受赞赏的案例就会发现，其大多继承的是中国传统的院落式和街巷结构，营造了相对独立的空间。在这些大面积空间的园林景观类型中，把大面积空间分割成小面积空间以丰富意境的设计是不现实的，如何在大面积的土地上发挥"中式"的优势，表现出更强的中式韵味，是"中式"园林景观规划设计不得不面对的一个难题。其二，园林景观作品如何适应更广的受众和更综合性的群体。在住宅项目中，高端别墅、高档小区的目标客户是有海外留洋背景、崇尚居住品位的社会中上阶层及偏爱中国文化、大企业里的高级主管或白领等收入高的群体。但是，在中国的人口比例里，普通群众占主体地位，他们亟须改善居住环境，因此多数的社会基础设施是为这部分人服务的。更广的受众带来了更大的发展空间，也带来了更加复杂的难题，这是现代园林景观发展面临的一大挑战。

三、方法有待创新

目前，园林景观在设计方法、建设方式等方面存在一些问题：一是"中西混搭"的思路，用西方的设计手法来展示"中式"风格，或将西方的设计元素应用到"中式"园林中，表面上既满足了中国人的民族情感又满足了其现代生活需要，但这种设计只停留在形式上，并没有深入到"中式"景观设计的内涵层面上；二是"中式"园林中景观小品、园林建筑、硬质铺装等景观的直接构建，形式上虽然有模有样，但在深度上缺乏文化内涵和意境。由此可见，"中式"园林的本质并不体现在对中式亭台楼阁、粉墙黛瓦、太湖石等的追求上，而是表现在对中国人内在追求的表达上，其中包括道德思想、思考方式和生活追求，表达了中国人和中国园林对环境的态度。如何实现"中式"园林景观从"形似"到"神似"的转变是提高"中式"园林景观品质的关键。"中式"意境是在景观与人的知觉感受相互碰撞下产生的，创造"中式"意境可以从以下三方面入手。

第一，结构空间，通过空间布局满足现代人基本的空间需求，园林才有存在的前提。现代园林的景观空间大致可以分为三类：个人空间、私密空间、领域性空间。个人空间像一个围绕在人体周围的气泡，腰部以上为圆柱体，腰部以下为倒圆锥形，这个看不见的气泡会随着人体的移动而移动，随着不同的情况或涨或缩。私密空间是对接近自己或自己所处的群体的选择性控制，即赋予使用者一定的对环境的控制力，提高群体对景观的满意度。领域性空间是一个固定不变的场所，是为了满足个人或群体的某种需要，拥有或占用一个场所、区域，并对其加以人格化和防卫的行为模式。"中式"园林空间设计在"因地制宜"思想的指导下以满足现代人空间需求为目的，将建筑、植物、水体、地形有机结合，运用相关理论和景观设计方法，创造了丰富的空间层次。

第二，文化结构，通过对文化元素的应用满足人们的精神需求。对美好、祥和、安定生活的追求始终是中国园林的主题，是园林这门艺术存在的前提。我国古典园林按照建园者身份可分为：皇家园林，体现皇权至上；私家园林，对理想生活世外桃源的追求；寺庙园林，体现佛家、道家思想。园内代表元素有植物、亭廊、小桥流水、匾额题字等。随着现代园林的发展，园林内涵变得多样化，包括公园庭园、街头绿地、风景区等，其所表现的文化比古典园林更丰富和广泛。现代"中式"园林不仅追求古典园林中的意境表达，还追求对中国历史上特定场景的表达或存在事实的叙述，如广东岐江公园保留了破旧的厂房和机器设备，然后对其进行了重新调整，保留了场地记忆。风景园林学科将能体现中国文化的元素分为两类：物质存在和精神存在。物质存在的元素包括古典园林中元素事物留下的印记、一幢建筑、一卷经书、地形地貌；精神存在的元素包括神话故事（神笔马良）、中国人特有的情感（黄色代表中国人、国人谦虚内敛的思想对待自然的态度）。

第三，知觉结构，完成情感升华。"中式"韵味是在景观和观赏者知觉的碰撞中，通过"迁想""移情""类比"等行为产生的，它可以使不具备情感的事物在被赋予人的情感后变得通灵、形神兼备。所以，在"新中式"园林的创作中，除了借鉴古典园林的造园理论、造景手法来营造中式的感觉，还可以借鉴环境心理学的一些研究成果。例如，知觉整体性原则能引导设计师从最终的造景效果出发合理把控景观的整体结构；同型论指物理现象、生理现象、心理现象都具有同样的格式塔性质，有利于设计师从物质空间到知觉感受，整体地把握造景的手法；概率知觉理论使人们明白，看到的和身临其中是有差异的。这些理论的应用，在无形中促进、催化了"中式"感的形成，细节中蕴含的力量对人的精神、心理改变往往是最为直接和强大的。

第三节　园林景观设计的发展趋势

一、现代园林发展趋势

（一）内在民族化

民族的才是世界的，只有保持自己的特色才能不被全球一体化的潮流淹没，才能在世界文化格局中占有一席之地。传统园林景观虽然不能满足现代人的生活需求，但中国园林的创造主体和服务主体依然是中国人，本土的东西仍是最易创新和最易被人接受的，且过去多年的发展经验教训也告诉人们，走具有本土特色的现代园林景观道路是正确的。表现本土文化的方式有很多，应用传统文化符号是最为简单和直接的一种方式，但赋予传统文化新的形式，是"中式"园林景观追求的目标。在西安大雁塔广场一侧的关中民俗大观园中，园林设计师采用雕塑的形式展现了关中地区的秦腔、皮影等区域文化特色。在山水类园林中，游客通过空间的开合变化和植物、景墙等对视线的引导，可以感受中国传统园林中"小中见大"手法的神奇。

（二）形式多样化

随着时代的发展，园林的内容和形式不断被丰富和扩展，理论越来越完善，实践分工越来越精细。巨大的历史机遇推动着中国园林的繁荣发展，越来越多的人投身其中，他们的广泛参与为现代园林的发展带来了新的思想，丰富了园林景观设计的语言。由于我国改革开放不断深入，东西方文化、艺术深入交流，国外的园林形式、理念、技术渗透进我国现代园林建设过程来，为我国现代园林注入了新的活力，在中国本土环境中，它们除原本的形式，其他内容都与中国元素发生碰撞，变异出了更多的形式。另外，人们的需求也越来越多样化。多样化的需求和多种风格相互碰撞、融合，促进我国园林朝着内容符合时代需求且形式更为多样化的方向发展。

（三）发展持续化

可持续发展的理念已经广为人知，"中式"园林景观也必须在这方面与社会发展趋势相适应。"中式"园林景观发展的目标之一是生态园林，即建设一个三维空间、人类和自然生态系统一体化可持续发展的生态体系，它是维持社会、经济、环境三大因素可持续发展的纽带，可以将绿地建设从纯观赏层面提升至生态层面。生态园林景观包含三方面的内涵。一是具有完善的自然生态环境系统，建设多层次、多结构、多功能、科学的植物群落，联系大气和土地，组成完整的循环圈；通过植物的生态功能来涵养水源、净化空气、维护生态平衡。二是建立人类、植物、动物相联系的新秩序，实现文化美、艺术美、科学美和生态美。三是应用生态经济效益，推动社会和经济同步发展，实现良性循环。"新中式"园林不仅仅是多种树、增加绿化量那么简单，它要在多层次、多领域全方位覆盖，实现园林的持续化发展。

（四）功能综合化

现代园林已经不仅仅是一个满足人类生活休闲娱乐的场所和美化环境的载体了。随着社会的进步和科学技术的不断发展，人们对园林功能的认识不断提高，其功能概括起来大致分为，景观功能、生态功能、文化功能、经济功能、社会效益等几个部分。"中式"园林景观应该整合这些功能，在体现科学性、民族性和时代性的同时，发展和承担新的功能。景观功能是园林最基本的功能，不仅可以遮挡不美观的物体，美化市容，还可以利用园林设计布局使城市具有美感，丰富城市多样性，增强其艺术效果，为人们创造一个美好的生活环境。园林不仅可以作为人们日常游玩、休息、娱乐的场所，还具有文化宣传、科普教育的功能，它可以在游客游览的过程中，通过各种不同类型的景点，寓教于乐。例如，人们在南京中山陵可以了解孙中山一生的丰功伟绩；去大唐芙蓉园可以充分地了解盛唐文化。同时可以了解植物学方面的知识以及地方民俗、风土人情等。近年来，国家加大对园林景观产业的投入，城市园林已经成为一门新兴的环境产业。园林的经济功能包括两方面：直接效益和间接效益。直接效益指参观门票、娱乐项目、生产项目等的收入；间接效益指生态效益，是无形的产品。园林景观具有一定的社会效益，良好的城市环境可以推动城市经济的发展，良好的生活环境可以减少不良事件的发生，是社会和谐、生活安定的保证。总之，园林事业已经成为一个城市发展、稳定的基础。

（五）行业规范化

"中式"园林景观的发展必将给风景园林行业的发展带来动力，而全行业发展水平的提高，也有利于推动"中式"园林的进一步发展。随着近几年园林事业的飞速发展，其专业内容越发丰富，实践项目不断增加，对与园林相关的专业教育、传统的行业运作和管理模式都提出了挑战。因此，作为一个专门的行业，要想有长远的发展，风景园林行业就必须不断地完善和发展自我。

首先，"中式"园林景观的发展将推动行业教育的发展。一个合格的园林设计师所需具备的专业技能和基本素养主要包括以下几方面：对环境敏锐的洞察力；对设计中的艺术层面和人文层面意义的理解能力；分析能力和形象思维能力；解决实际技术问题的能力；管理技巧、组织能力、职业道德和行业行为规范。在现行的教育体系中，每个学校按照自己的理解将园林相关专业安排在不同的学科内，如农业院校里园林专业会被安排到生命科学学科内，工科院校会将其安排到建筑学科内，艺术院校会将其安排在艺术设计学科内。不同的学科体系下园林专业教育工作的侧重点会不一样，对受教育者能力的培养也不同，对受教育者综合素质的培养在有些方面做得不到位。

其次，要完善行业标准，建立和完善市场准入制度及行业管理制度。目前我国园林专业的行业标准基本是参照建筑学、规划学标准执行的，但由于园林行业的特殊性，不会在短时间内导致大问题或灾难性的后果，所以没有一些硬性的规定和衡量的标准，导致项目质量参差不齐。因此，应该建立和完善市场准入制度，制定严格的行业管理制度和规范的评定认证机构，根据中国园林市场的定位和划分，对从业的设计师和公司进行资格审查和评定，达到一定的水平参与相应的项目建设，并进行长期的监督和定期的执业能力评估。

二、现代园林景观设计发展趋势

（一）创作理念——传统孕育未来

人类社会的文化发展表现为持续地推陈出新。传统是一个不断变化的开放性的系统，旧的传统与新兴事物或外来事物的结构在现实中不断地碰撞、重组、变异，形成新的传统，新的传统再演变为旧的传统，循环向前行。它生存在现代，联系着过去，孕育着未来。历史主义原则认为，随着时间产生的一切事物都是暂时的，它产生、发展，也必将消亡。传统园林景观的消亡是人们必须面对的事实，但没有必要在表面和形态上不断地模仿它。一个新传统应该汲取的是旧传统的精华，"中式"园林景观应该探索传统园林景观表达的造园理念和目标，以及隐藏在造园事件背后的精神追求，多借鉴吸收西方园林的发展成果，融合现代先进的设计语言，借鉴多学科的研究成果，使"新中式"园林景观朝着一个现代化的方向复合、变异，既传承过去，又开创未来。

（二）创作立意——现代人的现代园林

在古代造园时，园主人有相当大的权利决定造一个什么样的园子，因为这个园子是为他服务的，他很清楚自己的需求。现代园林设计师很多时候并不是园子的使用者，设计师会在不是很了解使用者需求的情况下，根据自己固有的经验，呈现出生态性、区域性、乡土景观等概念。园林景观设计已经成为一种按部就班的程式化工作，这样做不会出现大错，但没有新意。在"中式"园林景观设计中，设计时要从使用者的审美与需求、当地的自然条件、场地的环境条件出发，从文脉、人脉、地脉各个角度去考量，不局限于为了传承而传承，创造出既有内涵又实用的现代园林。在创新的时候，设计师应该拓宽思路，从更多的领域寻求灵感，如中式服饰、影视界、动漫等。

（三）创作手法——原则性、适宜性、多样性

在全球文化交流的大背景下，高新技术的广泛应用使园林景观创作手法呈现出多样化特征，设计师即使有同样的理念和立意也会有不同的表达方式。在明确的理念和清晰的立意下设计"新中式"园林景观，设计师应遵循原则性、适宜性、多样性统一协调的创作手法，对"新中式"园林进行设计。

1.原则性

"中式"园林景观的创作虽然是在一个开放、多元的氛围中进行的，但设计师还是应该注意一些原则的把握，立足于场地的人脉、地脉、文脉，尊重地域特色，融合场地周边环境和城市肌理，在可持续发展和满足民族精神需求的前提下

设计与当地生活相统一、相协调的"新中式"园林。

2. 适宜性

在全球文化频繁交流的当下，外来文化对本土文化的影响不言而喻。中国园林景观在经历了传统与现代文化的、外来与本土文化的冲突与融合之后，更深切地了解了"因地制宜"的含义。在"中式"园林的创造过程中，设计师应在了解场地文化和地域特征的前提下，立足于社会经济、创作环境、人际交往等实际条件，寻求有效合理的创造方向。

3. 多样性

"中式"园林景观的设计应从多角度去考虑和进行，而不能局限于单一的风格或元素中，园林景观中的每一个要素都可以成为设计特征，场地地脉、周边环境、本土植物、建筑形体、色彩及地域文化等都可以成为设计师灵感的来源，而不只是限定在"中式风格""曲径通幽"等固定模式中。

总体来说，现代园林景观延续了中国古典园林景观的脉络，吸收了众多新技术、新材料、新设计语言，不断地丰富和充实着世界园林体系。在全球文化日益交融的背景下，这不仅是中国园林事业的进步，也是世界园林事业的进步。对中国园林景观而言，"中式"园林景观的发展不仅体现了与之相关的行业的发展，更体现了中国社会的发展和进步。现代园林景观作为表达社会文化的重要形式之一、社会可持续发展的重要内容、创建和谐社会的重要基础之一，在提高全民生活质量、促进社会可持续发展、加快城市化建设等方面发挥着不可替代的作用。

三、集约型现代园林景观设计的趋势

我国是一个人口众多、人均资源相对不足的国家，随着经济的迅猛发展，我国多项建设出现了资源浪费和资源过量使用的现象和问题，造成了资源的不足和环境的破坏。为此，我国政府提出了坚持科学发展观、建设节约型社会的政策。由此看来，将科学发展观和建设节约型社会的理念融入园林设计中，并使其发展成为集约型园林设计是如今园林景观设计的必由之路，也是重要趋势。集约型园林景观设计是集约型园林体系的一个重要方面，集约型园林体系是个综合体系，是经济、历史、文化、能源、生态等多方面因素互相作用和互相影响的体系，它是建立在园林发展与社会、经济发展相协调的基础之上的。因此，包括集约型园林景观设计在内的集约型园林体系是未来园林发展的新趋势。

（一）土地资源的集约

集约型园林景观设计要将原有的要素进行优化集约，目的是实现资源的合理利用；土地资源是指已经被人类利用或未来可能被人类利用的土地，具有总量有限、稀缺性、可持续性等特点，加之土地资源是园林景观的物质基础，实现土地资源的集约就成了未来园林景观设计的趋势。园林景观设计应避免土地浪费，对土地资源进行多重利用，在同一块土地上建设不同的建筑项目，从而实现土地空间的立体性效果。园林景观设计可以有效利用废弃的土地，将废弃的工厂或关闭的公园在生态方面进行恢复之后，再次设计为园林景观，这种做法成为很多发达国家应用的方法。例如，北京"798艺术区"。北京"798艺术区"是国营798厂等电子工业的老厂区，是国家"一五"期间的重点项目之一，是社会主义阵营对中国的援建项目。这些工厂有典型的包豪斯风格，是实用和简洁完美结合的典范，也体现了德国人在建筑质量上的追求。例如，这些建筑的防震性较好，一般可以抵御八级地震；厂房窗户朝北，保持了天光的恒定性。

土地集约的主要对策有以下几点：首先，利用复合绿地，最大限度地提高土地的利用率。例如，公园的草坪可以与应急停机场相结合，不仅可以发挥草坪绿化功能，也能提高土地的使用功能。其次，保护优质绿地，重新利用不良生态用地。做好因地制宜，将一些不良生态用地，如盐碱地、废弃工厂用地等重新利用。再次，在进行土地集约的过程中，严格执行城市绿化相关规定，不得轻易降低绿化指标。例如，屋顶花园。屋顶花园目前在国内外均有广泛的应用。屋顶绿化具有以下重要意义：屋顶绿化可以增加城市绿地面积，改善日趋恶化的人类生存环境空间，改善城市高楼大厦林立缺少自然土地和植物的现状，降低热岛效应及沙尘暴等对人类的危害；可以开拓人类绿化空间，建造田园城市，改善人们的居住条件，提高生活质量；可以美化城市环境，改善生态效应。

（二）山水、植被等资源的集约

保护不可再生的资源、实现资源价值最大化是园林景观设计集约趋势的表现之一。山水、植被等资源是地球上的稀缺资源，如果浪费，后果不堪设想，这是人类生活的必需品，也是人类的共同财富。园林景观设计应该慎用这些资源，最大限度地保持这些资源，或对这些资源进行巧妙的合理化的运用。以自然为主体是保护自然资源的途径之一，随着自然生态系统的严重退化和人类生存环境的日益恶化，人们对自然与人类的关系的认识发生了根本性的变化。人是自然中的一员，园林景观设计要遵循人的审美情趣，将自然资源看作原材料。丹麦的首都哥本哈根，随处可以看见人们悠闲地喂食麻雀；在著名学府剑桥大学，成群的鸽子在天空飞翔，结队的野鸭在水中游弋；在伦敦的白金汉宫前的大片森林绿地中，松鼠和鸟类迎接着八方游客；在很多欧洲城市中，雕塑上边甚至随处可见鸟类粪便；当地的导游告诉游客，只有将这些粪便留在雕塑上，才能吸引更多鸟类驻足。世界上很多国家在园林设计方面追求自然、尊重自然、崇尚自然。在巴黎凯旋门的设计中，动物也是其中的一员。地球是人类与动物共同拥有的，人类与自然、人类与动物的和谐相处不仅是一种心态，更是园林设计中不可忽视的内容。重视山水等资源的宝贵价值是集约型园林景观设计的重要表现，提高水土保持能力、保护现有的自然资源、调整资源结构以促进生物多样性的发展，可以保证自然资源的可持续性发展。例如，日本枯山水庭院设计。15 世纪建于京都龙安寺的枯山水庭园是日本最有名的园林精品，庭院呈矩形，面积仅 330 平方米，庭院地形平坦，由 15 尊大小不一之石及大片灰色细卵石铺地构成。石以二、三或五为一组，共分五组，石组以青苔镶边，往外即是耙制而成的同心波纹。砂石的细小与主石的粗犷、植物的"软"与石的"硬"、卧石与立石的不同形态等，在对比中显其呼应，枯山水庭院设计之所以受到日本人乃至全球各族人民的欣赏和喜爱，一个非常现实的原因就是可以节省空间和降低成本。在越来越多的仿古餐厅中，枯山水庭院的设计得到了设计师的广泛赞赏与应用。枯山水设计注重形式，忽略了真山水的质感，却利用材料的质感代替了山水的质感。枯山水庭院的艺术感染力在于以下两点：首先，凝固之美，用形式的简朴和集约表现了材料本身的质感；其次，悲凉之美，用"枯"突出庭院之悲凉，只有山水的形式，没有山水的活力。

水资源集约的途径：第一，在设计的过程中要充分考虑植物的需水量，按照需水量将不同的植物进行集中规划和配置，如将耐旱植物与喜水植物进行分类设计规划；第二，在草坪的设计中，尽量使用耐旱植物或节水植物，尽量控制植物的需水量；第三，在设计的过程中，将植物置于集水地形中，便于雨水资源的利用，从而杜绝水资源的浪费。

（三）能源的集约

新技术的采用往往可以成倍地减少能源和资源的消耗。例如，成都武侯祠景区打造了雨水收集利用的景观，为市民提供了休息、游玩的场所。合理地利用自然，利用光能、风能、水能等资源为人类服务，可以大大减少不可再生能源的消耗。风力发电机园林景观。在我国东北三省等地有一种新能源发电装配——大风车发电机，大风车发电机安装的风光互补路灯可以将风能和太阳能转化为电能，解决照明的问题。在公园设计中，设计师可将风力发电机、太阳能光伏发电设备与景墙、建筑的设计相结合。

大量的节能建筑、生态建筑见证了人类生态环境建设的足迹。园林建筑设计使建筑与环境成为一个有机整体，良好的室内气候条件和较强的生物气候调节能力，满足了人们生活和工作对舒适、健康环境和可持续发展的需求。在园林景观植被的生态设计中，林地取代了草坪，地方性树种取代了外来园艺品种，这样可以大大减少能源和资源的消耗。另外，减少灌溉用水、少用或不用化肥和除草剂等措施都体现了能源的集约，也是园林景观生态设计的重要内容。最近几年，景观园林设计资源浪费情况比较严重，"低碳"成为园林景观设计的关键理念之一。"低碳"设计的策略包括以下几点：第一，降低煤炭能源的消耗，电能主要靠煤炭的燃烧，而煤炭使用率越高、废气排放量越大，在这个恶性循环中，降低煤炭资源的消耗就成了实现"低碳"的主要途径；第二，选择低碳材料，在园林景观设计中，园林景观材料既包括铺装、玻璃等材料，又包括木材、花卉等材料，应该减少对新型、人工、高碳材料的使用，对低碳、乡土材料的合理使用不仅能够减少资源浪费，还能充分体现历史地域特色；第三，保留自然状态，降低能源的使用，要尽可能保留自然的原貌，维持自然的生态平衡状态。

四、生态与艺术相结合的现代园林景观设计趋势

（一）生态园林理念的使用趋势

生态园林是一门包含环境艺术学、园艺学、风景学、生态学等诸多科目的综合类学科。生态园林理念可以诠释为以下几点：对自然环境进行模拟，减少人工建筑的成分；尽可能地少投入、大收益；植物的大量运用；依照自然规律进行设

计；有益于人们的身心健康。生态设计是通过构建多样性景观对空间进行生态合理地配置，尽量增加自然生态要素，追求整体生产力健全的景观生态结构。绿化是城市绿地的基础功能。因此，在城市绿地进行植物造景时，设计师要尽可能使用乔木、灌木、草等来提高叶面积指数，提高绿化的光合作用，以创造适宜的小气候环境，降低建筑物的夏季降温和冬季保温的能耗。

此外，设计师要根据空间功能区和环境污染程度选择耐污染和抗污染的植物，发挥绿地对污染物的覆盖、吸收和同化等作用，降低城市污染程度，促进城市生态平衡。因此，在生态园林景观设计中，基本理念就是在园林景观中，充分利用土壤、阳光等自然条件，根据科学原理及基本规律，建造人工的植物群落，创造人类与自然有机结合的健康空间。

因地制宜、突出特色、风格多样是园林景观设计中生态设计的要求，在此基础上，设计师要以设计场地内的阳光、地形、水、风、能量等自然资源为基础，结合当地人文资源，进行合理的规划和设计，将自然因素和人文因素合二为一。

（二）艺术性在园林景观设计中的趋势

园林是一门综合艺术，它融合了书法、工艺美学、艺术美学、建筑学等领域。如今，商业化气息遍布各个领域，如何创造出具有艺术性的园林景观成为园林景观设计师需要考虑的问题，因此园林景观的艺术性在设计中就显得尤为重要。

1. 空间布局的艺术性

布局空间的艺术性包含布局的美观和合理，这就要求设计师注重园林空间的融合，注重空间的灵活运用。园林构图要遵循艺术性原则，使园林景观在对比与微差、节奏与韵律、均衡与稳定、比例与尺度等方面相互协调，这是园林设计中的一个非常重要的因素。

园林的空间布局是园林规划设计中一个重要的步骤，设计师需要根据计划确定所建园林的性质、主题、内容，结合选定园址的具体情况，进行总体的立意构思，对构成园林的各种重要因素进行综合的安排，确定它们的位置和相互之间的关系。

综上所述，一个好的园林作品包括了解建筑分布、规划空间结构、融合使用各种因素等。园林空间的合理利用对现代园林景观设计非常重要，如何以人为本，如何因地制宜是每一位园林设计师需要分析的问题。

2. 园林绿化植物的艺术性

园林艺术中的植物造景有着美化和丰富空间的作用，园林中许多景观的形成都与花木有直接或间接的联系。植物的艺术性不仅包括植物的习性，还有植物的外形和植物之间搭配的协调性。任何一个好的艺术作品都是人们主观感情和客观环境相结合的产物，不同的园林形式决定了不同的环境和主题。物种内容与园林主题形式相统一是达到最高植物配景审美艺术水平的方法之一。

参考文献

[1] 李文实. 古典园林与现代城市景观 [M]. 福州：福建教育出版社，2007.

[2] 俞孔坚，李迪华. 景观设计：专业、学科与教育 [M]. 北京：中国建筑工业出版社，2003.

[3] 张承安. 中国园林艺术辞典 [M]. 武汉：湖北人民出版社，1994.

[4] 《西方哲学史》编写组. 西方哲学史 2 版 [M]. 北京：高等教育出版社，2019.

[5] 杨建军. 科学研究方法概论 [M]. 北京：国防工业出版社，2006.

[6] 刘源，王翠凤，蒋晓春. 艺术设计的理论基础与技术方法 [M]. 长春：吉林科学技术出版社，2021.

[7] 陈传席. 陈传席文集. 续集：1–5[M]. 天津：天津人民美术出版社，2021.

[8] 杜甫. 杜甫诗集 [M]. 钱谦益笔注，郝润华整理. 上海：上海古籍出版社，2021.

[9] 上海辞书出版社文学鉴赏辞典编纂中心. 文学经典鉴赏. 宋诗三百首 [M]. 上海：上海辞书出版社，2021.

[10] 王原祁. 王原祁诗文辑注 [M]. 蒋志琴辑注. 北京：中国国际广播出版社，2020.

[11] 黄维. 在美学上凸显特色：园林景观设计与意境赏析 [M]. 长春：东北师范大学出版社，2019.

[12] 于晓，谭国栋，崔海珍. 城市规划与园林景观设计 [M]. 长春：吉林人民出版社，2021.

[13] 谢风，黄宝华. 园林植物配置与造景 [M]. 天津：天津科学技术出版社，2019.

[14] 程越，赵倩，延相东. 新中式景观建筑与园林设计 [M]. 长春：吉林美术出版社，2017.

[15] 李璐．现代植物景观设计与应用实践 [M]．长春：吉林人民出版社，2019．

[16] 吴忠．景观设计 [M]．武汉：武汉大学出版社，2017．

[17] 李士青，张祥永，于鲸．生态视角下景观规划设计研究 [M]．青岛：中国海洋大学出版社，2018．

[18] 何昕．景观规划设计中的艺术手法 [M]．北京：北京理工大学出版社，2017．

[19] 胡晶，汪伟，杨程中．园林景观设计与实训 [M]．武汉：华中科技大学出版社，2017．

[20] 何雪，左金富．园林景观设计概论 [M]．成都：电子科技大学出版社，2016．

[21] 黄冬冬，冉姗．园林景观与环境艺术设计 [M]．哈尔滨：哈尔滨出版社，2022．

[22] 黄仕雄．园林景观场景模型设计 [M]．南京：东南大学出版社，2018．

[23] 李琰君．园林建筑艺术与景观设计研究 [M]．北京：北京工业大学出版社，2022．

[24] 雷鸣．生态背景下的园林景观设计 [M]．长春：吉林出版集团股份有限公司，2022．

[25] 李香菊，杨洋，刘卫强．园林景观设计与林业生态化建设 [M]．长春：吉林科学技术出版社，2022．

[26] 肇丹丹，赵丽薇，王云平．园林景观设计与表现研究 [M]．北京：中国书籍出版社，2020．

[27] 曾筱．园林建筑与景观设计 [M]．长春：吉林美术出版社，2018．

[28] 李学峰．生态视角下园林景观创新设计研究 [M]．长春：吉林科学技术出版社，2022．

[29] 胡晶，汪伟，杨程中．园林景观设计与实训 [M]．武汉：华中科技大学出版社，2017．

[30] 黄颖颖．低碳理念影响下现代园林景观设计研究 [J]．现代农业研究，2022，28（8）：72–74．

[31] 张玉．现代城市园林景观设计现状及发展策略 [J]．中国住宅设施，2022（7）：52–54．

[32] 肖迪．建筑设计与园林景观设计的融合分析 [J]．美与时代（城市版），2022（6）：25–27．

[33] 廉庆先. 城市开发中园林景观设计的应用策略 [J]. 城市开发，2022（6）：78–79.

[34] 杜玮璇. 浅析园林景观设计在城市建设中的应用 [J]. 南方农业，2022，16（7）：214–217.

[35] 闫效琴. 现代园林景观设计中传统文化元素的应用 [J]. 现代园艺，2022，45（7）：113–114.

[36] 杨涛. 新时期园艺技术和园林景观设计的融合发展 [J]. 现代农业研究，2022，28（3）：103–105.

[37] 曾子航. 建筑设计与园林景观设计的融合分析 [J]. 江西建材，2022（2）：111–112.

[38] 王亚云. 浅析园林景观设计中的色彩应用 [J]. 现代园艺，2022，45（3）：146–148.

[39] 曾子航. 生态理念下的现代城市园林景观设计 [J]. 中国建筑装饰装修，2022（2）：31–32.

[40] 韩燕. 园林景观设计的艺术手法与技巧研究 [J]. 居舍，2024（7）：127–129.

[41] 秦捷. 园林景观设计中的生态平衡研究 [J]. 美与时代（城市版），2023，（11）：74–76.

[42] 丁也玄欣. 色彩在园林景观设计中的应用 [J]. 现代园艺，2023，46（22）：137–139.

[43] 郭珊，闫晓云. 生态理念下的现代城市园林景观设计 [J]. 现代园艺，2023，46（20）：96–98.

[44] 孙明钰. 生态型园林景观设计与植物配置策略探究 [J]. 居舍，2023（30）：126–129.

[45] 孙业桐. 乡村振兴下乡村园林景观设计的研究 [D]. 长春：吉林建筑大学，2023.

[46] 孟园. 文化视角下的现代中式景观设计探析：以定远县主题文化公园为例 [D]. 合肥：安徽农业大学，2020.

[47] 俞楠欣. 基于"三生"理念的可持续园林景观设计研究 [D]. 杭州：浙江理工大学，2019.

[48] 俞一飞．园林景观设计中手绘的应用研究 [D]. 衡阳：南华大学，2019.

[49] 潘晓虎．光影在园林景观设计中应用的探索 [D]. 合肥：安徽建筑大学，2018.

[50] 李朝晖．书法文化广场景观设计研究 [D]. 大连：大连工业大学，2018.

[51] 王京湖．现代园林景观设计的构成元素研究：以东昌御府景观设计项目为例 [D]. 青岛：青岛大学，2017.

[52] 孔曼儒．城市出入口大道园林景观设计的研究：以合肥市合淮路园林景观设计为例 [D]. 合肥：安徽农业大学，2017.

[53] 林枝劲．传统文化在现代园林景观设计中的应用研究 [D]. 广州：华南农业大学，2016.

[54] 岑画眉．论园林景观设计中山水文化的表达研究 [D]. 南京：东南大学，2016.